NICOLE LÜTZENKIRCHEN

RUFST DU NOCH?

Coaching
für Menschen
mit jagenden
Hunden

MIT KOSMOS MEHR ENTDECKEN

Die Welt
**mit den Augen
des Hundes**
entdecken

SEIT 1822

KOSMOS

INHALT

Zwiegespräch zwischen Hundehalter und Jäger

Das Verhältnis von Hundehaltern und Jägern ist nicht immer das Beste. Treffen beide aufeinander, liegt oft schon Spannung in der Luft. Automatisch werden imaginäre Schubladen im Kopf geöffnet und altbekannte Vorurteile herausgekramt. Doch woran liegt das?

Liegt es an der Jägersprache, die von den Waidgesellen genutzt wird und die ein Nichtjäger kaum versteht? Dass der Jäger oft auftritt, als würde ihm der Wald gehören und der Hundehalter wäre nur mit Zähneknirschen in Wald und Feld geduldet, oder liegt es an der unbän-

Aufmerksam stellt das Reh die Lauscher auf. In der Gerste ist es gut versteckt.

digen Freiheitsliebe des Hundehalters, der sich in seinen Rechten eingeschränkt sieht, sich frei im Wald zu bewegen, dass es zu Vorverurteilungen oder sogar zu lautstarken Auseinandersetzungen kommt? Oftmals völlig grundlos, unangemessen im Ton und mit wenig Respekt für sein Gegenüber.

DURCHATMEN IN DER MORGENSTUNDE

Der Wecker klingelt. Ich habe das Gefühl, mich im Film „Und täglich grüßt das Murmeltier" zu befinden. Rein in die Klamotten, am Kaffee genippt und die Hundeleine geschnappt. Raus zur schnellen Runde durch den Wald. 30 Minuten durchatmen, bevor der Alltagstrott beginnt. Da möchte man doch manchmal Hund sein. Schlafen, fressen, durch den Wald stromern. Einfach seiner Nase folgen und schauen, was sich so findet, Pi-Mails lesen oder einer interessanten Spur folgen, hier und da eine Nachricht absetzen für die,

Durchatmen in der Morgenstunde – über Ruhe und Natur freuen sich Jäger und Hundehalter gleichermaßen.

die da kommen werden. Wild und ungestüm durch den Busch laufen und sich den Wind um die Nase wehen lassen. Wie gerne würde ich für einen Tag mit ihm tauschen! Schmunzelnd über diesen Gedanken und die Möglichkeiten, die sich daraus ergeben könnten, trotte ich hinter meinem Hund her, beneide ihn ein bisschen, lasse ihn sein Ding machen und freue mich an seinem glücklichen Gesicht, wenn er hechelnd an mir vorbeispurtet und mit vollem Elan durch den Wald rennt.

LOGENPLATZ IN DER MORGENSTUNDE

Die Sonne geht über dem Feld auf. Leichter Nebel liegt in der Luft und die Tautropfen glitzern in der aufgehenden Sonne. Die ersten Vögel fangen an zu zwitschern. Ich lasse meinen Blick durch das Fernglas über den Waldrand gleiten. Am Feldrand entdecke ich zwei lange Lauscher, die sich im Wind drehen. Anscheinend

hat die Ricke nichts Verdächtiges gehört und tritt mit ihren beiden Kitzen auf die Lichtung. Endlich bekomme ich die beiden Kleinen zu Gesicht. Zwei Kitze, rotbraunes Fell mit ihren weißen Punkten, zwei große schwarze Nasen neugierig in den Wind gestreckt. Es hat sich gelohnt, für diesen Anblick so früh am Morgen aufzustehen. Vergessen ist die ganze Arbeit des vergangenen Jahres. Wildäcker bestücken und Hecken pflanzen, damit das Wild eine Rückzugsmöglichkeit hat. Die Streuobstwiese pflegen und bei tiefsten Minustemperaturen im kniehohen Schnee das Wild in Notzeiten füttern, weil das Nahrungsangebot durch die Witterungsbedingungen gegen Null gegangen ist. Ich werfe noch kurz einen Blick unter den Hochsitz, wo mein vierbeiniger Jagdgefährte ruhig und entspannt neben meinem Rucksack liegt und wartet, lehne mich wieder entspannt zurück und genieße diesen wunderbaren Anblick.

Der perfekte Moment des Hundes – wild und frei umherstreifen können.

DER PERFEKTE MOMENT...
FAST!

Beide Bilder für sich vermitteln einen Zustand des perfekten Moments, von denen wir in unserem Alltag vielleicht viel zu wenige haben und genießen können. Umso wertvoller sind diese Momente für uns und umso empfindlicher reagieren wir, und wie ich finde völlig zurecht, wenn diese Momente plötzlich wie eine Seifenblase zerplatzen.

Was aber passiert, wenn diese Momente für den Hundehalter durch eine unentspannte Jägerin, die gerade fuchsteufelswild und sich wie ein Rumpelstilzchen aufführend aus dem Busch gestapft kommt, enden? Oder wenn ich als Jägerin auf dem Hochsitz sitze und ein Hund mir den Anblick von der Ricke mit den beiden Kitzen vermiest? Dann ist es vorbei mit der Harmonie, und für jeden der beiden Parteien zerplatzt der Zauber des Moments wie eine Seifenblase. Jeder fühlt sich in seinen ganz persönlichen Bedürfnissen beeinträchtigt. Verständlich, dass beide Parteien nicht entspannt aufeinander reagieren und die Toleranz füreinander gegen Null geht.

> „Es ist von Vorteil, die ganz individuellen Lieblingsreize und Vorlieben seines Hundes zu kennen, um vorausschauend handeln zu können und um im richtigen Moment präsent zu sein."
>
> Nicole Lützenkirchen

1 Es ist sinnvoll, wenn man seinen Hund gut kennt…

2 …und erste Anzeichen einer Witterung registriert…,

3 …bevor er abdreht und im Gebüsch verschwindet.

GUT ZU WISSEN, WAS MAN AN DER LEINE HAT

Was treibt den Hund dazu, plötzlich, als würde ein Schalter umgelegt werden, vom Sofawolf zum Wildfang zu mutieren? Es sind seine Instinkte, die ihn leiten, und für ihn ist es keine Frage von richtig oder falsch. Eine gefundene Spur eines vor kurzem über den Weg gelaufenen Hasen oder eine Bewegung jenseits des Weges lösen ihn aus. Es ist ein Reiz, dem er sich nicht entziehen kann.

Darum ist es meiner Meinung nach eine Grundvoraussetzung für den Freilauf eines Hundes, dass ich einen gut erzogenen Hund habe, bei dem ein Verhaltensabbruch zuverlässig möglich ist und den ich in jeder Situation stoppen und heranrufen kann. Habe ich mit meinem Hund einen zuverlässigen Rückruf erarbeitet, kann ich ihm entspannt mehr Freiräume bieten. Funktioniert der Rückruf nicht zuverlässig und ist eher ein Glücksspiel, sollte der Wildfang lieber an der Leine geführt werden, um brenzlige Situationen zu vermeiden und um niemanden, egal ob Menschen, andere Hunde oder Wild in Gefahr zu bringen. Denn ich als Hundehalter habe die alleinige Verantwortung für das Handeln meines Hundes.

Was bedeutet eine Einschränkung des Freiraums durch die Leine im Vergleich zu den Möglichkeiten, die wir unserem Hund heute alternativ bieten

1

2

3

können, wenn es noch nicht so gut mit dem Rückruf klappt? Mittlerweile gibt es unzählige Angebote von Hundesportvereinen und Hundeschulen, in denen man unter fachlicher Anleitung seinen Hund entsprechend seiner Vorlieben auslasten kann. Gemeinsam eine künstlich gelegte Fährte auszuarbeiten, zu apportieren oder vermisste Personen zu suchen – mal ehrlich, was könnte uns besser zusammenschweißen, als gemeinsame Erfolge zu feiern? Und wem das von der Bewegung her immer noch zu wenig ist, kramt die Sportschuhe raus oder macht den Drahtesel wieder flott.

Was dürfen denn nun Hund und Halter im Wald überhaupt tun? Ein Betretungsrecht in Wald und Flur hat grundsätzlich jeder. Ausnahmen gibt es aber bei besonders geschützten Gebieten wie z. B. Naturschutzgebiete oder Wildruhezonen, die nur auf den Wegen betreten werden dürfen. Bei der Gesetzgebung für Hundehalter mit freilaufenden Hunden muss man allerdings schon etwas genauer hinschauen. In Deutschland gibt es hierzu keine einheitlichen Regeln, sie sind von Bundesland zu Bundesland unterschiedlich. Die Vorgaben reichen von uneingeschränktem Freilauf bis hin zur generellen Leinenpflicht.

RECHTE UND PFLICHTEN DES WAIDMANNS

In den meisten Fällen ist es so, dass der Jäger nicht gleich der Eigentümer des Waldes ist, auch wenn er manchmal so auftritt. Er hat meist lediglich das Recht gepachtet, in diesem Gebiet die Jagd auszuüben. Zu diesem Recht gehören aber auch eine Menge Pflichten. Er hat die Aufgabe, den Bestand der Waldbewohner genau so groß

1

Schilder geben Auskunft, wie man sich hier zu verhalten hat. In Naturschutzgebieten herrscht meist Leinenpflicht.

2

zu halten, dass Familie Wildsau nicht täglich in den Maisfeldern von Bauer Kunze ein wahres Gelage veranstaltet und die Ernte zunichtemacht oder Herrn Bocks und Frau Rickes Vorliebe für zarte Sprösslinge den Bestand an Bäumen und Pflanzen nicht bedroht. Er muss die Waage halten zwischen natürlichem Nahrungsangebot und der Größe des Wildbestandes, ansonsten zahlt der Jäger die Zeche. Das heißt, der Jäger muss für den vom Wild verursachten Schaden aufkommen. Definitiv kein einfacher Job. Hält Familie Wildsau ein Gelage im Maisacker ab, so muss der Jagdpächter für den Schaden zahlen. Er hat aber auch dafür zu sorgen, dass das Wild nicht in seinem grünen Wohnzimmer gestört wird, es seinen

Nachwuchs in Ruhe aufziehen kann, die „Einrichtung" passt und der „Kühlschrank" entsprechend der jeweiligen Vorlieben gefüllt ist. Das Ganze ist in Gesetzen wie z. B. dem Bundesjagdgesetz, dem Landschaftsschutzgesetz und im Bürgerlichen Gesetzbuch (BGB) verankert. Die Freiräume, in denen sich die Waldbewohner heute bewegen können, werden durch die Nachfrage an Industriegebieten, Wohnraum und durch den Straßenbau immer kleiner.

1 Oft heimlich in der Dämmerung ist Familie Wildsau unterwegs…

2 …und hinterlässt deutliche Spuren. Hier war ein wahres Festgelage.

Was dem einen einen Dopaminkick verschafft, verschafft dem anderen einen Adrenalinschub.

1

Jede Störung und jede Flucht ist ein Energieverlust und bedeutet Stress, besonders im Winter und in der Zeit der Trächtigkeit. Herr Bock, Meister Lampe und Frau Bache, denen gerade aufgelauert und nachgestellt wird, wissen nicht, dass der Wildfang es (meist) nicht schafft, sie zu packen, und einfach Spaß hat, ihnen hinterherzulaufen. Für sie ist es jedes Mal eine lebensbedrohliche Situation. Dabei werden sie aufgrund ihrer sehr begrenzten Rückzugsmöglichkeiten gezwungen, Fluchtwege zu nutzen, bei denen sie häufig auch über Straßen, Autobahnen oder Gleise laufen müssen. Hierdurch steigt die Gefahr eines Unfalls für Wild, Hund und Mensch immens. Jeder Hundebesitzer, egal ob Familien- oder Jagdhund, sollte sich im Klaren sein, was ein solcher Wildunfall auf der Autobahn oder einer viel befahrenen Straße bedeuten kann, und wie es ist, als Autofahrer in der Situation zu sein, dass einem Reh und Hund vor das Auto laufen.

Soweit das Soll, aber was ist mit dem Ist-Zustand? Wir sind alle nicht perfekt, und so hängt der eine seinen Gedanken nach, achtet nicht auf seinen Hund und schon ist es passiert, und dem anderen platzt trotz hoher Frustrationstoleranz die Hutschnur und er macht sich Luft. Beides absolut menschlich und nachvollziehbar. Ein Aufeinandertreffen ist unausweichlich … was kann man tun?

1 In der Dämmerung, wenn das Wild aktiv ist, leint man die Hunde einfach an.

2 Miteinander ins Gespräch kommen: Bei einem Plausch verschwinden auch manche Vorurteile.

VORBILD TUT NOT ...

Als Jägerin bin ich in der Pflicht, das, was ich von den Hundehaltern erwarte, vorzuleben. Das bedeutet für mich, dass ich außerhalb aller jagdlichen Aktivitäten meinen Hund auch nur auf dem Weg führe und ihn nicht über Wiesen und Felder sowie quer durch den Wald rennen lasse. Genauso gilt für den Jagdhund, dass es generell, egal ob auf der Jagd oder auf den Spaziergängen, einen Verhaltensabbruch gibt und ich ihn in jeder Situation stoppen kann. Wie sonst soll ich einem Hundehalter glaubhaft gegenübertreten und ihn bitten, seinen Hund nur auf den Wegen laufen zu lassen, wenn ich es nicht selbst tue?

Die „Waidgerechtigkeit", der jeder Jäger verpflichtet ist, fordert nicht nur, Respekt vor der Natur und dem Wild zu zeigen, sondern auch gegenüber dem Menschen. Meine Aufgabe ist es also auch, meine Wut so manches Mal hinunterzuschlucken, meinem Gegenüber offen und mit Respekt entgegenzutreten und ihn durch gezielte Aufklärung für die Umwelt zu sensibilisieren und Interesse und Verständnis zu wecken.

UNTERSCHIED ODER ANSICHTSSACHE?

Betrachtet man das Ganze mit einem ordentlichen Abstand, sind Jäger und Hundehalter doch gar nicht so verschieden. Wir sind gerne draußen, bewegen uns an der frischen Luft, genießen die Ruhe und den Augenblick. Im Endeffekt hängt aber die Perfektion dieses Augenblicks von unserer persönlichen Einstellung und unserer Eigenverantwortung ab – nämlich von meinem Verhalten in der Öffentlichkeit, sowohl als Jäger mit meinem Jagd-

hund als auch als Familienhundehalter mit Familienhund. Und davon, wie ich meinem Gegenüber entgegentrete, wie ernsthaft ich mich informiere und natürlich von meiner Bereitschaft, Ressourcen zu pflegen und zu schützen. Wie sehr bemühe ich mich außerdem, meine Schublädchen im Kopf einfach mal geschlossen zu halten und ohne pauschale Vorurteile auf einen anderen Menschen zuzugehen und ihm mit Wertschätzung zu begegnen? Ein freundliches Wort hilft meist weiter.

> Ganz im Sinne von „So wie ich in den Wald hineinrufe, so schallt es auch wieder heraus". Egal ob vom Hochsitz oder vom Wegesrand!

Was erwartet dich in diesem Buch?

Du kennst es bestimmt: Gerade läuft dein Hund noch entspannt neben dir, ihr genießt die frische Morgenluft und die ersten Sonnenstrahlen. Doch plötzlich rastet bei deinem Hund ein Schalter ein, er ist nicht mehr ansprechbar und im nächsten Moment auch schon im Unterholz verschwunden.

Was genau hat gerade diesen Schalter umgelegt? Du hast nichts gesehen, nichts gehört ... Hier werden wir einmal ganz genau hinschauen. Was verraten dir umgeknickte Äste, niedergetretenes Gras, Spuren im Matsch und Haare, die im Stacheldraht hängen geblieben sind? Wer wohnt eigentlich noch in unseren Wäldern und wo ist die Wahrscheinlichkeit groß, auf die Waldbewohner zu treffen? Manche Reaktionen deines Hundes mögen dir auf einem Spaziergang banal erscheinen. Aber meist steckt viel mehr dahinter. Was verrät dir eine in die Luft gestreckte Nase, das Ohrenspiel oder die gehobene Vorderpfote deines Hundes? Hierzu findest du in diesem Buch jede Menge Informationen und Inspirationen, die du auf deinem täglichen Spaziergang einbauen kannst.

WAS DU MIT DIESEM BUCH ERREICHEN KANNST ...

Dieses Buch soll dir dabei helfen, deine eigenen Sinne für die Feld- und Waldbewohner zu schärfen, damit du bald zusammen mit deinem Hund mit einem anderen Blick und anderen Ideen durch Wald und Feld laufen kannst. Zudem macht es Spaß, wenn man Hase oder Reh beobachten kann.

Du wirst deinen Hund besser verstehen können und eine Idee davon haben, was in seinem Kopf auf den Spaziergängen vorgeht, und warum er manchmal nicht anders kann, als auf Umweltreize zu reagieren und sich davon zu machen. Somit kannst du auf jeden Fall vorausschauender spazieren gehen. Vielleicht ringt es dir dann auch hin und wieder ein kleines Schmunzeln ab und weckt Verständnis für das, was gerade in deinem Hund vor sich geht. Welches Wissen brauchst du, um in den Kopf deines Hundes zu schauen oder um eine Vorstellung davon zu bekommen, was in seinem Kopf vorgeht, wenn ihr gemeinsam draußen unterwegs seid? Wir werden uns im ersten Teil mit dir als Hundehalter, mit deinem Hund und der Umwelt beschäftigen.

DU ALS HUNDEHALTER ...

Dein Hund ist dir mit seinen Sinnen weit voraus. Deshalb gilt es, dich zu schulen und deine Sinne zu schärfen, damit du annähernd eine Idee davon hast, was dein Hund alles leistet und was er wahrnehmen kann. Zusammen werden wir deine Sinne schärfen und dich sensibel für die Dinge machen, die dort draußen in der Wildnis vor sich gehen.

Auch deine Erwartungen an deinen Hund und den gemeinsamen Spaziergang werden wir beleuchten. Diese haben nämlich nicht minder Einfluss auf das Verhalten deines Hundes. Oft übertragen wir unbewusst eine bestimmte Stimmung auf unseren Hund, die ihn zu einem bestimmten Verhalten animiert oder ihn dazu veranlasst, etwas nicht zu tun. Zum Beispiel mal nicht zu uns zurückzukommen, da wir ziemlich missmutig dreinschauen oder die Aussicht auf eine kurze Jagd ohne dich spannender erscheint.

DEIN HUND ...

Die Genetik deines Hundes bestimmt sein Verhalten. Was hast du da eigentlich genau an der Leine und welches Verhalten ist per se schon einmal zu erwarten?
Aber nicht nur die Genetik bestimmt sein Verhalten, sondern auch die bereits gemachten Erfahrungen auf euren gemeinsamen Spaziergängen. Du wirst auch einen tieferen Einblick in die Sinne deines Hundes erhalten und hier und da eine andere Brille aufgesetzt bekommen.

Witterung aufnehmen und wissen, was los ist. Mit seiner Nase können wir nicht mithalten.

DIE UMWELT …

Wie schnell Umweltreize dir deinen Hund aus der Hand nehmen können, hast du bestimmt schon in Erfahrung gebracht. Um vorausschauender handeln zu können, nehmen wir in diesem Buch einmal ein ganz bestimmtes Gebiet euer Gassirunde unter die Lupe. Wir werden genau schauen, was so los ist in eurem Revier.

EIN PAAR TIPPS FÜR DEN UMGANG MIT DIESEM BUCH …

Dieses Buch soll dich dazu anregen, mit offenen Sinnen durch Feld, Wald und Flur zu wandern und deinen Hund dabei zu beobachten.
Ich habe meistens ein Notizbuch auf unseren Streifzügen dabei, um bestimmte Aha-Momente, Erkenntnisse, Gedanken und Ideen festzuhalten. Die Größe des Notizbuches wähle ich immer so, dass es in meine Tasche passt. Nun kannst du deine Eindrücke direkt festhalten, vielleicht hier und da ein kleines Fundstück zwischen die Seiten legen oder Dinge, die du entdeckt hast, einzeichnen. So hast du später ein tolles Buch, indem du immer wieder mal nachschauen kannst …

Mir ist es ganz wichtig, dass du achtsam mit den Waldbewohnern umgehst und sie nicht an ihren Ruheplätzen aufsuchst oder ihnen hinterherpirschst. Genieße den Moment, wenn du auf sie triffst und beobachte sie. Alle Anregungen in diesem Buch sind so ausgelegt, dass du alles vom Weg aus über die Waldbewohner erfahren kannst. Dein Hund wird dir auch einiges verraten, auch ohne die Wege zu verlassen. Da bin ich mir ganz sicher.

Ich wünsche dir viel Spaß, viele tolle Aha-Momente und dass du durch dieses Buch eine Idee davon bekommst, wie die Welt im Kopf deines Hundes aussieht.

Nicole Lützenkirchen

1 August fokussiert sich genau auf die Bewegung, die er wahrgenommen hat.

2 Einzelne Haare verraten, wer hier unter dem Stacheldraht hindurchgelaufen ist.

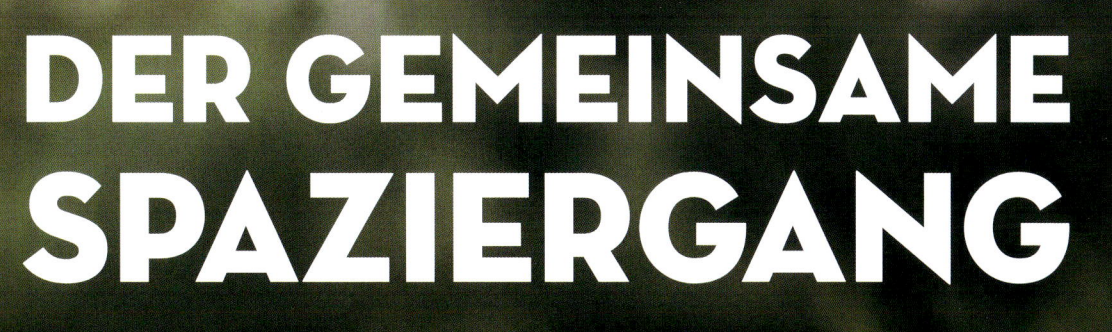

DER GEMEINSAME
SPAZIERGANG

Die Vorstellung vom ge-meinsamen Spaziergang

Hier scheiden sich meistens die Geister: Während der Mensch in Ruhe durch die Landschaft schlendern und die Gedanken schweifen lassen möchte, hat sein Hund anderes im Sinn. Ihm ist nach Revier checken, Duftmarken setzen und Abenteuer erleben.

Miteinander im Gespräch vertieft.

DER SPAZIERGANG AUS DEINER SICHT

Wenn du dir ein bisschen Zeit nimmst und darüber nachdenkst, wie der Spaziergang sein sollte, oder was du dir vorgestellt beziehungsweise gewünscht hast, als du dich mit dem Gedanken beschäftigt hattest, dir deinen Hund anzuschaffen, was ist da in deinem Kopf vor sich gegangen? Hattest du bestimmte Vorstellungen und Wünsche? Wahrscheinlich sind es Gedanken wie: einmal Abschalten vom stressigen Alltag, mehr Zeit mit einem treuen Gefährten in der Natur zu verbringen, auf verwunschenen Wegen zu wandern, zusammen Spaß haben, gemeinsam zu spielen, einen Partner beim Sport oder zusammen in einem Verein etwas Gutes tun. Manche versprechen sich durch ihren Vierbeiner auch Sozialkontakte mit anderen Hundehaltern, gemeinsames Gassigehen in der Hundegruppe. Beweggründe gibt es viele.

DIE VORSTELLUNG DEINES HUNDES

Welche Vorstellungen mag dein Hund wohl haben, wenn du zu Hause die Leine vom Haken nimmst und ihr zusammen durch die Tür geht? Es gibt keine Vorschriften, keine Zäune, keine Gesetze, kein Halten … LET HIM RUN!
Wahrscheinlich so: Mit lautem Freudengell wird der Parkplatz, der Startpunkt des täglichen Spaziergangs begrüßt. Es soll jedem Waldbewohner klar sein, was gleich auf ihn zukommt. Noch ist die lästige Leine dran. Ein bisschen ziehen und zerren, den Hundehalter durch mehrmaliges Umkreisen zum Päckchen verschnüren und ungeduldig darauf warten, dass endlich der erlösende Klick ertönt, wenn der Karabiner der Leine abgemacht wird. Erst einmal Vollgas geben. Außer Reichweite und gucken, wer hier seit gestern Abend alles rumgelaufen ist.

IM BRENNPUNKT

Wenn du eure Vorstellungen einmal miteinander vergleichst, wirst du sehen, dass die beiden Vorstellungen nicht unbedingt auf den gleichen Nenner zu bringen sind. Warum kommt es uns manchmal so vor, als würden wir uns auf zwei völlig fremden, sich gegenseitig abstoßenden Planeten bewegen? Sicherlich gibt es bei den Vorstellungen eine große Differenz. Aber warum ist das so? Warum tut dein Hund Dinge, mit denen du so gar nicht zufrieden bist? Hat er durch sein Können eine ganz andere Idee vom gemeinsamen Spaziergang? Gibt es unterschiedliche Ansichten zum Thema Distanz? Dazu müssen wir uns in den Hund hineinversetzen. Um in deinen Hund hineinschauen zu können und um ihn ein bisschen besser zu verstehen, sollten wir schauen, was wir alles über unseren Hund und die Umwelt, in der wir uns aufhalten, wissen.

Wie sieht es bei dir aus ?

— Weißt du, welchen Waldbewohnern du auf der täglichen Runde manchmal begegnest?

— Gehst du vorausschauend spazieren oder wirst du oft vom umherziehenden Wild überrascht?

— Wie schnell siehst du, ob dein Hund bereits in den Jagdmodus geschaltet hat?

— Kannst du erkennen, welcher Sinn (Hören, Sehen, Riechen) bei deinem Hund oft ausgelöst wird?

— Kannst Du genau erkennen, was deinen Hund ausgelöst hat?

— Inwieweit ist dein Hund bei Begegnungen mit Wild noch ansprechbar?

Nimm dir genügend Zeit dafür. Lass dir bestimmte Situationen auf euren Spaziergängen noch einmal durch den Kopf gehen. Die letzte Begegnung mit dem Hasen oder die Schrecksekunden beim Anblick des Rehs …

Wild mit seinem besten Kumpel durch den Wald tollen zu können, ist für viele Hunde das Größte.

Mit allen Sinnen unterwegs

Dein Hund ist von der Natur mit phantastischen Sinnen ausgestattet. Er hat einen sehr gut ausgebildeten Geruchssinn, er kann Geräusche orten, die du als Mensch nicht wahrnehmen kannst, und er bemerkt selbst die kleinste Bewegung aus den Augenwinkeln heraus.

Diese Sinne haben wir uns in vielerlei Hinsicht durch Selektion für den jeweiligen Einsatz zunutze gemacht, sei es auf der Jagd, als Spürhund bei der Polizei, als Servicehund, Diabetikerwarnhund oder in der Rettungshundearbeit.
Auch im Freizeitbereich verlassen wir uns auf die Fähigkeiten unserer Hunde: beim Apportieren, bei der Fährtenarbeit oder in der Personensuche.

Aufmerksam ist August unterwegs. Seinen Sinnen entgeht nichts.

ALLE SINNE AUF EMPFANG

Aber nicht nur in seinem „Job" ist der Hund mit all seinen Sinnen unterwegs, sondern auch auf dem gemeinsamen Spaziergang. Stößt er auf eine interessante Geruchsspur, kann er diese zielgerichtet wie auf einer Straße, die er klar vor sich sieht, verfolgen und ausarbeiten.
Ein Mäusefiepen aus einem winzig kleinen Erdloch bringt deinen Hund zum Erstarren und lässt den ganzen Hundekörper einfrieren, bis er das Geräusch genau geortet hat. Vielleicht neigt er dabei ein wenig den Kopf zur Seite und du kannst ein leichtes Ohrenspiel erkennen.
Eine schnelle Bewegung im Unterholz, die du gar nicht wahrgenommen hast, veranlasst ihn spontan, durchzustarten, ganz egal ob es durch dichtes Brombeergebüsch geht, es draußen brütend heiß ist, er noch nicht gefrühstückt hat oder du hinterherrufst.
Er ist nicht auf Empfang sondern nur auf den auslösenden Reiz fokussiert.

DIE SINNE DES HUNDES NACHEMPFINDEN

Wenn du dir vorstellst, dass du mit allen Sinnen genauso ausgestattet wärest wie dein Hund, so würde sich für dich ein ganz anderes Bild in Feld und Wald auftun. Deshalb hast du die Möglichkeit, dich in den nächsten Kapiteln mit den Sinnen deines Hundes auseinanderzusetzen. Nimm dir hierfür ruhig ein wenig Zeit, beobachte genau, probiere aus, sei neugierig. Du wirst sehen, je nach Jahreszeit ändern sich Gerüche, Geräusche und Gewohnheiten in der belebten Umwelt um dich herum. Es wird immer wieder etwas Neues zu entdecken geben.

Konzentriert folgt er einer Geruchsspur. Er weiß, wer wann hier war.

———

Mit einem Ohr ist Candy immer auf Empfang.

Auf eurem nächsten Spaziergang...
Beobachte deinen Hund ganz genau. Hast du den Eindruck, dass er einen bestimmten Sinn besonders oft einsetzt? Hat er ein bestimmtes Talent?

— Schaut er ständig sich bewegenden Objekten hinterher? Lösen ihn Bewegungen aus?
— Rüsselt er oft in den Büschen herum oder reckt er die Nase in den Wind?

— Steckt er seine Nase immer wieder ins Unterholz hinein?
— Bleibt dein Hund stocksteif stehen, bewegt nur den Kopf und die gespitzten Ohren hin und her?
— Hält er die Nase häufig in die Luft und wittert?
— Reagiert er auf die kleinste Bewegung? Einen Vogel, eine davonhuschende Maus, Bewegungen von Ästen oder Blättern, die durch den Wind aufgewirbelt werden?
— Lässt ihn ein leises Knacken sofort herumfahren und sich in Richtung des Geräusches orientieren?
— Erstarrt er manchmal und bleibt wie eingefroren stehen?

Schau dir an, ob es Unterschiede auf dem Morgen- und Abendspaziergang gibt. Vielleicht macht das Wetter auch einen Unterschied oder sogar die Temperatur.
Hast du den Eindruck, einen Spezialisten in einer ganz bestimmten Disziplin an der Leine zu haben?

DIE SINNE DES HUNDES

— Sehen
— Hören
— Riechen
— Schmecken
— Tasten

— Temperatur erkennen
— Schmerz
— Gleichgewicht
— Tiefensensibilität

(nach Martin Krause, Lehrbuch Tierfachkraft Hund)

DIE SINNE DEINES HUNDES

Nehmen wir uns die Sinne deines Hundes genau vor. Mit welchen Sinnen ist dein Hund maßgeblich unterwegs? Wir werden einige dieser Sinne nun einmal ganz genau unter die Lupe nehmen, und im Rahmen unserer Möglichkeiten selbst ausprobieren.

DIE OHREN

Du hast sicher schon einmal beobachtet, wie sich die Ohren deines Hundes bewegen und sich zielgerichtet in eine Richtung drehen, um ein bestimmtes Geräusch auszumachen. Sie können das Rascheln im Gebüsch sofort einem genauen Punkt zuordnen. Im Richtungshören sind unsere Hunde recht zielsicher. Im Gegensatz zu uns Menschen können sie ihre Ohren in verschiedene Richtungen drehen, um ein Geräusch genauestens zu orten. Absolute Spezialisten sind hier Hunde mit Stehohren, sie sind noch genauer als ihre schlappohrigen Kollegen. Während wir in einem 20-Grad-Winkel zwei Geräusche auseinander halten können, schaffen es unsere Hunde in einem Bereich von 7 – 8 Grad. Der Mensch nimmt Schwingungen von 20 – 20.000 Hertz wahr, der Hund von 15 – 50.000 Hertz. Dass Hunde so gut hören können, macht im Hinblick auf das Beutespektrum Sinn, denn Nagetiere unterhalten sich im Ultraschallbereich.

Sensibler werden für die Umweltgeräusche

Schließe an einer ruhigen Stelle auf eurem gemeinsamen Spaziergang – vielleicht gibt es ja auch eine gemütliche Bank – die Augen und versuche, bestimmte Geräusche einer bestimmten Richtung zuzuordnen. Das könnte z. B. eine Amsel sein, die gerade im Laub wühlt, ein Specht oder der Eichelhäher, der über die Störung im Wald motzt. Vielleicht hörst du auch ein leichtes Knacken im Unterholz. Wo kommt der Wind her und was trägt er für Geräusche heran?

Nimm dir dafür ruhig etwas Zeit. Du wirst sehen, je öfter du dies auf deinem Spaziergang tust, umso sensibler wirst du für die Geräusche im Wald werden. Nun schau dir deinen Hund genau an. In welche Richtung bewegen sich seine Ohren, in welcher Position verharren sie? Schau nach, ob du in dieser Richtung etwas siehst oder ob du aus dieser Richtung auch irgendwelche Geräusche wahrnehmen kannst!

Die Ohren werden auf ein bestimmtes Geräusch ausgerichtet, das funktioniert auch bei Schlappohren.

Hunde sind Bewegungsseher. Jede kleine Regung wird sofort wahrgenommen.

DIE AUGEN

Dein Hund sieht anders als du!

Wenn ihr zusammen unterwegs seid, wird dein Hund kleinste Bewegungen sehr viel besser wahrnehmen als du. Ein wippender Ast, von dem sich gerade ein Vogel abgedrückt hat, um loszufliegen, das Kaninchen, das noch schnell in den Bau geflüchtet ist oder den sich bewegenden Farn, da sich der Fuchs noch schnell verdrückt hat, bevor ihr ihm zu nahe kommt, wird er sehr wahrscheinlich sehen. Dein Sehvermögen und das deines Hundes unterscheiden sich darin, dass er im Dämmerlicht, wenn seine Beute unterwegs ist, wesentlich besser sehen kann als du. Auch Bewegungen nimmt er deutlicher wahr. Allerdings bist du ihm mit deiner Sehschärfe und bei der Wahrnehmung von unbewegten Dingen in der Entfernung voraus. Sprich: Das Reh, das stocksteif auf dem Weg stehenbleibt und der Wind zudem aus deiner Richtung kommt, hat große Chancen, nicht von deinem Vierbeiner erblickt zu werden. Außerdem sieht dein Hund quasi in Zeitlupe. Er kann 70 – 80 Bilder pro Sekunde wahrnehmen, der Mensch sieht etwa 50 Bilder pro Sekunde. Das heißt, bei eurem gemeinsamen Fernsehabend siehst du das Bild als Film, dein Hund nimmt einzelne Bilder wahr wie beim Dia-Abend. Für ihn „ruckelt" das Programm.

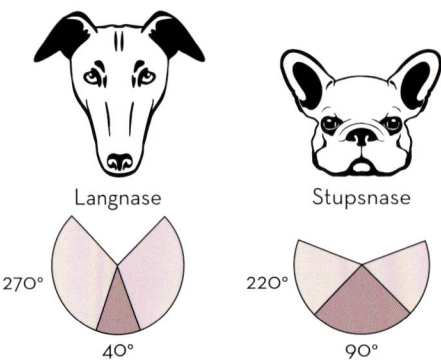

Langnase Stupsnase

270° 220°

40° 90°

■ Bereich des plastischen/räumlichen Sehens
■ binokulares Gesichtsfeld

Wie die Kopfform deines Hundes das Sehen beeinflusst

Hunde mit kurzer Schnauze sehen nur den Hasen, der todesmutig vor ihnen herumtanzt.

Hunde mit langer Schnauze sehen nicht nur den Hasen, der todesmutig herumtanzt, sondern auch den Hasenkumpel, der abseits am Feldrand steht und kopfschüttelnd die Darbietung seines Kollegen beobachtet. Allerdings ist die Möglichkeit der Ablenkung hier auch größer, da mehr wahrgenommen wird. (Das Gesichtsfeld des Hundes hat also auch Auswirkungen auf das Training.) Wenn du dir nun das Schaubild der Gesichtsfelder ansiehst, welches trifft auf deinen Hund am ehesten zu? Du kannst dir das Gesichtsfeld deines Hundes selber gut veranschaulichen, indem du dir links oder rechts auf die Schulter schaust. Auch du wirst dann aus den Augenwinkeln heraus noch einiges mehr wahrnehmen können. Nimm dir doch auf deinem heutigen Spaziergang einmal an drei Stellen etwas Zeit, bleibe stehen und schaue dir mal links und rechts auf deine Schulter und beobachte, was du nun aus den Augenwinkeln heraus wahrnimmst. Was siehst du? All dies hat dein Hund im Blick, wenn ihr zusammen spazieren geht. Übrigens, auch dich, wenn er vor dir läuft.

DAS GEHEIMNIS DER BLAUEN STUNDE ...

Dein Hund kann in der Dämmerung am besten sehen. Das macht durchaus Sinn, da die meisten Beutetiere zu dieser Zeit aktiv sind.

Restlichtverstärker

Hinter der Netzhaut deines Hundes befindet sich eine fast spiegelähnliche Fläche, die sogenannte Tapetum lucidum. Diese Fläche funktioniert wie ein Restlichtverstärker. Bereits eingefallenes Licht wird reflektiert und kann nochmals genutzt werden. Wir haben diese Spiegelfläche leider nicht, tappen abends eher unsicher durch die Dämmerung und erkennen nur noch schemenhaft, was um uns herum passiert.

Hunde können in der Dämmerung besser sehen als wir.

DIE NASE

Dein Hund ist dir mit der Leistung seiner Nase um Längen voraus. Das liegt unter anderem an der Größe seiner Riechschleimhäute und der Anzahl der Riechzellen. Die Oberfläche deiner Riechschleimhaut hat in etwa die Größe von 5 Quadratzentimetern, die deines Hundes ist um das 30fache größer. Auch in der Anzahl der Duftrezeptoren ist er uns um das 45fache voraus. Diese Duftrezeptoren sorgen dafür, das wir – und unsere Hunde – eine Vielzahl an Gerüchen aufnehmen und unterscheiden können.

Dein Hund ist ein Makrosmat. Das heißt, er definiert und beurteilt seine Umwelt größtenteils mit seiner Nase. Er weiß ganz genau, wer sich wann und wo aufgehalten hat und in welcher Stimmung der- oder diejenige gerade war. Er nimmt über deinen Geruch wahr, ob du gestresst oder freudig gestimmt bist. Eine wahnsinnige Leistung! Gerüche kann dein Hund mit Erlebnissen und Emotionen abspeichern. Ähnlich wie bei uns, wenn uns zum Beispiel der Duft warmen Apfelkuchens in die Nase steigt und wir uns gedanklich in Omas alter Backstube wiederfinden.

Neugierig wird das abgeworfene Gehörn beschnuppert.

Hunde können einer ganz bestimmten Geruchsspur wie einem roten Faden folgen.

Das Jacobson'sche Organ – Direktverbindung ins Hundehirn

Ebenso wie bei vielen anderen Tieren findest du auch bei deinem Hund hinter den Schneidezähnen im Gaumen das Jacobson'sche Organ. Dieses ist direkt mit dem Riechhirn und dem limbischen System verbunden. Das limbische System ist für die Entstehung von Gefühlen, Motivationen und ebenfalls für die Bildung von Hormonen zuständig.

Du hast bestimmt schon einmal beobachtet, dass dein Hund plötzlich mit den Zähnen klappert, schmatzt oder anfängt zu speicheln, während er schnuppert. Währenddessen arbeitet das Jacobson'sche Organ und der Hund taucht ins Geruchskopfkino ein. Wer solche Talente hat, setzt sie natürlich auch draußen ein.

Stell dir die Gerüche in der Umwelt wie ein dickes Wollknäuel vor: Eine Menge an unterschiedlichen Farben, Baumwollfasern, Seide, Kunststofffasern. Jeder dieser Fäden hat ein unterschiedliches Alter, ist noch neu oder bereits fast vollständig vor der Auflösung. Dein Hund ist in der Lage, einen ganz bestimmten Faden durch dieses ganze Gewirr hindurch ziemlich zielsicher zu verfolgen.

Wie kannst du den Geruchssinn aktivieren?

Probiere doch mal folgende Dinge auf deinem nächsten Spaziergang aus und nehme bewusst wahr: Wie riecht die Baumrinde eines Nadelbaumes und die eines Laubbaumes? Gibt es einen Unterschied? Bestimmt! Der Laubbaum wird eher erdig riechen und der Nadelbaum nach frischem Harz. Genau so wird es auch sein, wenn du ein paar Tannennadeln und ein Blatt zwischen deinen Fingern zerreibst.

Den Geruch eines Wildschweins haben wir alle schon einmal unbewusst wahrgenommen.

Nimm an verschiedenen Stellen ein Stück Waldboden in die Hand und rieche daran. Je nachdem, wo du dich gerade befindest, wird es große Unterschiede geben. Der Waldboden an einem kleinen Bach riecht anders als der Waldboden auf einer Lichtung oder in einer dunklen, dicht bewachsenen Tannenschonung.

Wenn du nun an einer Stelle ein wenig mit der Schuhspitze im Boden wühlst, wirst du auch schon einen Unterschied im Geruch feststellen können. Diesen Unterschied wird dein Hund ebenfalls wahrnehmen. Warum das so wichtig ist? Wenn ein Stück Wild über den Waldboden läuft, sinkt es, je nach Größe und Gewicht, etwas ein und hinterlässt eine individuelle Fährte, die sich vom Rest des Waldbodens unterscheidet.

Falls es die Jahreszeit hergibt, suche dir einen Brombeerstrauch und zerdrücke eine Beere zwischen den Fingern … Es riecht ein bisschen nach Sommer, oder?

Oft weht dir auch schon beim Spaziergang ein modriger Duft entgegen. Irgendwie nach vergammeltem Fleisch, nassem Hund und alten Schuhen. Dann ist euch vermutlich gerade ein Fuchs über den Weg gelaufen. Dein Hund wird wahrscheinlich so tun, als hätte er nichts gerochen, ich kann ihn gut verstehen!

Oder kennst du diesen unvergleichlichen Geruch nach der Würze für die Suppe aus der braunen Flasche mit dem rot-gelben Etikett? Genau! Und wenn du so etwas riechst, kannst du dir sicher sein, dass Familie Wildsau gar nicht so fern ist.

1 Wie fühlt sich das Gefieder
einer Schnepfe an?

2 Ein gefundener Unterkieferast
eines Rehs wird begutachtet.

3 Der untere Teil des Rehgehörns
mit der Perlung sind die Rosen.

Für deinen Hund ist das alles eine leichte Übung. Das, was du riechen kannst, wenn du dich mal an einigen Gerüchen versuchst, ist nur ein Bruchteil dessen, was dein Hund wahrnehmen wird. Mach dir immer wieder bewusst, wie anders die geruchliche Welt deines Hundes ist.

WAS IST EIGENTLICH DIE TIEFENSESIBILITÄT?

Die Tiefensensibilität ist eine ziemlich umfangreiche Sinneswahrnehmung deines Hundes. Muskeln, Sehnen, Gelenkkapseln, Bänder und die Haut senden Informationen an das zentrale Nervensystem. Diese gesendeten Informationen geben Auskunft über eventuelle Veränderungen durch eine Druckbelastung, eine andere Winkelhaltung der Gelenke, die Bewegungsrichtung und die Bewegungsempfindlichkeit. Auf den Menschen übertragen wäre das zum Beispiel, wenn du mit verbundenen Augen über einen unebenen Weg gehen würdest. Die Fußsohlen, die Empfindlichkeit unserer Haut unter den Füßen, die Stellung des Fußgelenks, des Knies und noch vieles mehr geben die Informationen über die Beschaffenheit des Weges an das Zentrale Nervensystem weiter. Wir können diesen Weg gehen ohne hinzufallen.

Jagdverhalten unter die Lupe genommen

Was meinen wir eigentlich, wenn wir sagen: „Mein Hund jagt"? Und was bedeutet Jagdverhalten? Die Begrifflichkeit Jagdverhalten würde ich gerne genauer unter die Lupe nehmen, auseinanderpflücken und Stück für Stück erklären.

Lass uns einfach mit dem Begriff VERHALTEN anfangen. Was bedeutet überhaupt Verhalten? Mit dem Verhalten deines Hundes meint die Fachwelt alle Möglichkeiten deines Hundes, sich auf irgendeine Weise auszudrücken. Sei es durch eine Bewegung, seine Körperstellung, eine Lautäußerung oder die Möglichkeit, seine Verfassung durch einen bestimmten Geruch kundzutun. Alle diese Verhaltensweisen können deinem Hund bereits von Natur aus mitgegeben worden sein, er hat sich dieses Verhalten durch Lernen erworben, oder er hat es durch Lernen verfeinert.

VERHALTEN BEOBACHTET UND KATALOGISIERT

Einige Wissenschaftler (u. a. auch Zimen, Feddersen-Petersen) haben für Wölfe und Hunde durch jahrelanges Beobachten sogenannte Verhaltensethogramme erstellt. Diese katalogisieren alle Verhaltensmerkmale der Caniden, sprich der Hundeartigen. Die Verhaltensmerkmale können weiter unterteilt werden in einzelne Funktionskreise, z. B. jagen, spielen, kratzen ... Um Hunde und ihre für uns manchmal merkwürdig anmutenden Verhaltensweisen besser verstehen zu können, ist es hilfreich, diese zu kennen. Viele von uns Menschen unerwünschte Verhaltensweisen gehören in der Regel zum ganz normalen Hundeverhalten. Bei Hunden verschiedener Rassen können sich im Gegensatz zum Wolf einzelne Funktionskreise durch jahrtausendlange Zucht ein wenig unterscheiden oder unvollständig sein, so z. B. beim Jagen.

Die ursprüngliche Funktionskette der Jagd: Suchen – fixieren – anpirschen – jagen – zupacken – töten wurde beim Hund durch Zucht verändert. Manche Verhaltensweisen wurden durch die Zucht besonders herausgestellt, wie zum Beispiel das Anpirschen (Vorstehen u. a. beim Pointer), andere wurden eher abgemildert (z. B. das Töten). Die meisten Hunderassen töten nicht mehr, so fällt die letzte Handlung bei ihnen weg. Andere fixieren, pirschen oder jagen im Gegensatz zu ihren Stammvätern nicht mehr.

Jule beim Mausen: Ein kurzes Verharren und Ausrichten auf das Geräusch.

Die Verhaltensforscher sind hingegangen und haben jede kleinste Bewegung und jeden Laut dokumentiert und diese bestimmten Funktionen, sprich Lebenssituationen, oder auch bestimmten Funktionskreisen zugeordnet. Diese Funktionen können zum Beispiel dem Orientierungsverhalten, dem Sozialverhalten oder dem Schutz- und Verteidigungsverhalten zugeordnet werden. Du kannst dir das gut als Schubladenschrank vorstellen. Diese Auflistung nennen die Verhaltensforscher ein Ethogramm …

Vorstehen dient als Anzeigeverhalten von Wild. Es wurde durch Zuchtauslese verstärkt.

Welche Funktionskreise werden im Ethogramm aufgeführt?

Ein Ethogramm wird (nach E. Zimen) in folgende Verhaltensweisen unterteilt, die hier aufgeführt werden:

— **Allgemeine Bewegungsformen** gehen, traben, galoppieren
— **Ruhe und Schlaf** gähnen, stehen, sitzen oder liegen
— **Orientierungsverhalten** Nahorientierung, Fernorientierung, Erkundung
— **Schutz und Verteidigung** Flucht, Meideverhalten, Orientierung
— **Stoffwechselbedingtes Verhalten** Nahrungserwerb, Nahrungsaufnahme (fressen, trinken), Nahrungstransport, Nahrungsaufbewahrung (vergraben), Kot und Urin absetzen usw.
— **Komfortverhalten** kratzen, beknabbern, schütteln, strecken
— **Soziales Verhalten**
   1. Ausdrucksverhalten – dazu zählen Mimik und Körpersprache (Kopf, Maul, Augen, Ohren, Beine, Rute, Körper usw.)
   2. Soziales Verhalten im Rudel
   3. Imponierverhalten – Beine durchdrücken, Rute aufrichten, markieren, Kopfauflegen
   4. Defensives Verhalten – beschwichtigen, züngeln, auf den Rücken legen
   5. Spielverhalten – Beiß-, Renn-, Solitär-, Initialspiele
   6. Reproduktionsverhalten – Sexualverhalten, Paarung, Geburt, Welpenaufzucht mit säugen, sauberlecken usw.)
— **Infantile Verhaltensweisen** – suchpendeln, saugen, Milchtritt, Kontaktliegen, Munwinkellecken
— **Lautäußerungen** – bellen, knurren, jaulen, heulen, winseln.

Jule apportiert gerne und bringt mich in den Besitz von Beute, auch wenn es nur der Gummifasan ist.

Aber in welcher Schublade steckt nun das Jagen und welche Verhaltensmuster sind hinterlegt? Das Jagdverhalten deines Hundes wird eindeutig dem „Stoffwechselbedingten Verhalten" zugeordnet. Das heißt, dass das Jagen der Ernährung dient und dadurch zu seiner Lebenserhaltung und zur Erhaltung seiner kompletten Art, sprich seiner Nachkommen dient. Jagen ist lebensnotwendig. Ohne Nahrung keine körperliche Fitness und keine Nachkommen. Die Fähigkeit zu jagen wurde deinem Hund angeboren und er verfeinert sie im Lauf seines Lebens durch Lernen.

„ABER MEIN HUND IST DOCH SATT!"

... er braucht nicht zu jagen, um überleben zu können! Warum geht er trotzdem jagen? Die Natur hat es clever eingefädelt, denn während der Jagd werden Hormone ausgeschüttet, die das Jagen zu einer selbstbelohnenden Handlung machen. Er muss nicht unbedingt Beute machen, sondern allein das Hinterherhetzen und Verfolgen macht ihm schon so viel Spaß, dass er es immer wieder tun will. Diese Hormone machen den Hund unerreichbar für uns. Sie erhöhen den Spaßfaktor, schalten nicht nur das Schmerzempfinden, Hunger- und Durstgefühl aus, sondern blenden auch dich aus, wenn du mit klopfendem Herzen am Feldrand stehst und ihn rufst. Alles an ihm fokussiert sich auf die Beute, die Umwelt wird kaum noch wahrgenommen. Unglücklicherweise lernt dein Hund, durch Ausschütten der Hormone, auch viel schneller als sonst. Folglich hat dein Hund eine doppelte Motivation. „Jagen macht satt und es macht Spaß!" Satt werden braucht er nicht, die volle Futterschüssel steht ja zu Hause, aber der Kick ist es, der dir den Hund aus der Hand nimmt!

Jagen ist wie ein extrem juckender Mückenstich, man muss sich kratzen, obwohl man weiß, dass es nicht gut ist!

1

2

1 Eine kleine Bewegung des Rehs lässt den Hund aufmerken.

2 Der Hund fokussiert sich auf den Bewegungsreiz im Gras.

3 Das Reh wird sichtig vom Hund verfolgt.

___

„HILFE, MEIN HUND JAGT"

Lass uns doch einmal gemeinsam definieren, was du meinst, wenn du sagst: „Hilfe mein Hund jagt" ... Wie würdest du das Jagen beschreiben? Was sind die Eckpunkte, an denen du es festmachen würdest? Ab wann beginnt das Jagen bei deinem Hund für dich? Kannst du es an seiner Körpersprache festmachen? Gibt es bestimmte körperliche Anzeichen? Kannst du genau erkennen, was er gerade tut? Verfolgt er das Wild sichtig oder arbeitet er eher Spuren aus? An der Lautäußerung? Manche Hunde laufen mit einem hohen Jiffjiffjiff über das Feld hinter einem Hasen her! Ist dein Hund sichtlaut? Teilt er dir lauthals mit, wenn er was Spannendes gesehen hat, oder nimmt er die Nase runter und bellt, während er eine Spur verfolgt (spurlaut)? Oder beginnt Jagen bei deinem Hund, wenn er bereits Beute gemacht hat?

JAGDVERHALTEN IN SEQUENZEN UNTERTEILT

Was setzt das Jagdverhalten in Gang? Was sind die motivierenden Faktoren? Hunde reagieren auf Reize, das können gewisse Gerüche, eine schnelle Bewegung oder ein spezielles Geräusch sein. Ein Hund, der in Jagdlaune ist, ob aus Hunger oder Langeweile, wird bereit sein, einen adäquaten Reiz zu suchen, der die Jagd bei ihm auslöst.

3

Fixieren des entsprechenden Reizes

Ab hier ist es der angesprochene Sinn (Hören, Riechen, Sehen ...), auf den sich dein Hund nun weitgehend konzentriert. Andere Reize aus der Umgebung werden größtenteils ausgeblendet, wir als Hundehalter leider auch.

Hetzen, Packen, Töten

Zu diesem Zeitpunkt beginnt ein angeborenes Muster abzulaufen. Dieses Muster muss nicht erlernt werden und ist bereits schon mit dem Zeitpunkt der Geburt voll funktionsfähig beziehungsweise entwickelt sich nach und nach mit der Entwicklung des Tieres. Welches Jagdverhalten dein Hund an den Tag legt, hängt von seiner genetischen Veranlagung ab. Je nach Rassezugehörigkeit wurden bestimmte, gewünschte Verhaltensweisen durch eine selektive Zucht weiter gefördert und Fähigkeiten ausgebaut. Allerdings ist es nicht nur die genetische Veranlagung, die es dir schwer macht, interessanter als Kaninchen und Co. zu sein, sondern die bereits gemachten Erfahrungen spielen ebenfalls eine Rolle.

Auf der Suche nach dem auslösenden Reiz ...

Dein Hund läuft mit wachen Sinnen durch die Welt, hohe und tiefe Nase, mit offenen Ohren und offenen Augen, auf der Suche nach der passenden Beute. Er weiß noch nicht, mit welchem Sinn er die Beute ausmachen wird. Für einen Sichtjäger kann dieser Reiz zum Beispiel ein davonlaufender Hase, eine Bewegung am Waldrand oder ein umherhüpfender Vogel sein. Hunde, die stark auf Geräusche ausgerichtet sind, können durch das Piepsen einer Maus im Mauseloch ausgelöst werden, oder bei einem Nasenjäger ist es die Spur eines über den Weg gelaufenen Rehs.

Die Sequenzen der Jagd einmal genauer unter die Lupe genommen.

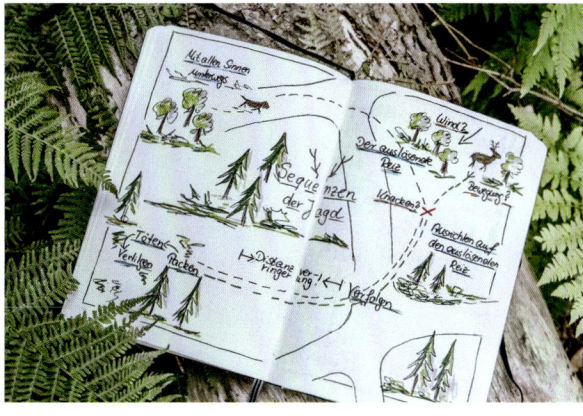

Die Jagdstrategie deines Hundes

Um eine Idee davon zu bekommen, welche Jagdstrategie dein Hund verfolgt, solltest du dich genauer mit seiner Herkunft beschäftigen. Welche Rasse hast du an der Leine und welches Verhalten ist daher sehr wahrscheinlich?

Wenn du einen Hund aus einer Rassezucht hast, ist es etwas leichter, sein mögliches Jagdverhalten einzuschätzen. Allerdings gibt es auch hier große Unterschiede innerhalb einer Rasse. Bei einem Mischling wird die ganze Sache noch etwas spannender. Hier darfst du selbst auf Entdeckungsreise gehen, um zu den Wurzeln deines Hundes zu gelangen.

Was findest du in der Rassenbeschreibung über das Jagdverhalten und das Einsatzgebiet? Wofür genau wurde diese Rasse gezüchtet? (Hast du einen Mix, so suche dir alle möglichen Rassen, die drin sein könnten, heraus.) Findest du diese beschriebenen Eigenschaften bei deinem Hund wieder? Was stimmt überein, was weicht ab?

DER JAGDHUND DIENT DEM JÄGER ALS GEHILFE

Traditionell werden Jagdhunde in Gruppen von Jagdhunderassen zusammengefasst, die in den unterschiedlichen jagdlichen Einsatzgebieten genutzt werden.

Retriever Die Retriever zählen zu den hervorragenden und sehr wasserfreudigen Apportierhunden und werden hauptsächlich für die Arbeit nach dem Schuss eingesetzt. Sie sind im Feld und im Wasser gut lenkbar und zeigen einen großen Arbeitswillen, den sogenannten „Will to please". Zu ihnen gehören: Golden-Retriever,

Der Job des Apportierhundes: Sauber wird der geschossene Fasan dem Jäger zugetragen.

Um Wildressourcen zu schonen, wird im Training oft mit Dummys gearbeitet.

Labrador-Retriever, Flat und Curly Coated Retriever sowie der Chesapeake Bay Retriever.

Vorstehhunde Die Vorstehhunde sind die klassischen Vollgebrauchsjagdhunde, die sowohl vor dem Schuss und nach dem Schuss eingesetzt werden. Sie werden für die Niederwildjagd und die Wasserjagd eingesetzt. Da allerdings die Besätze von Fasan und Hase abnehmen, werden sie auch immer mehr auf Bewegungsjagden eingesetzt. Ein typisches Verhalten eines Vorstehers ist zum Beispiel eine zügige und flotte Suche auf dem Feld. Unter Berücksichtigung des Windes und systematisch wird das zu bejagende Gebiet nach Hasen oder zum Beispiel Fasanen abgesucht. Kommt der Hund an Witterung, folgt er dieser und zeigt das Wild durch Vorstehen an. Dabei bleibt der Vorsteher wie angewurzelt stehen und hebt eine Vorderpfote. Bewegt sich das Wild Stückchen für Stückchen weiter, „zieht der Hund nach". Kommt der Jäger zum Schuss, wird das Wild apportiert und die Suche kann weitergehen.

August ist ein typischer Vertreter der Deutschen Bracken.

Zu den Vorstehhunden gehören: Deutsch Drahthaar, Deutsch Kurzhaar, Deutsch Langhaar (der alte Försterhund), Deutsch Stichelhaar, Weimaraner, Griffon, Magyar Vizsla (Draht und Kurzhaar), Kleiner und Großer Münsterländer, Pudelpointer, Setter und Pointer.

Stöberhunde Ein Stöberhund sucht systematisch und sehr gründlich unübersichtliche Gebiete nach Wild ab. Dabei hat er selten Sichtkontakt zu seinem Hundeführer und arbeitet somit außerhalb des Kontrollbereiches des Hundeführers. Findet er Wild, treibt er dieses unter lautem Gebell, der Waidmann nennt es Spurlaut, dem Schützen zu.

Hier kann man noch einmal unterscheiden zwischen den Spaniel-Rassen, die eher unter der Flinte, das heißt im näheren Bereich von

ca. 30 – 40 Metern stöbern, und den Nordischen Stöberhunden wie zum Beispiel die Laika, die sehr selbstständig und weiträumig suchen. Zu den Stöberhunden gehören: Deutscher Wachtelhund, Laika, Cocker-Spaniel, Englischer Springer Spaniel, Welsh-Springer Spaniel.

Erdhunde Sich im Dunkeln, untertage einem wehrhaften Dachs oder Fuchs zu stellen, bedarf einer Menge Mut und Selbstständigkeit. So klein und nett sie doch manchmal wirken, ihr Ego gleicht dies doppelt aus. Bei der Arbeit im Bau, aber auch oberirdisch verfolgen sie wehrhaftes Wild auf der Spur und stellen es so lange, bis der Jäger an Ort und Stelle ist. Sie sind harte Gesellen, denen Schmerz auf der Jagd nichts ausmacht, sondern sie noch giftiger werden lässt.

1 Der Rauhaardackel gehört zu den Erd- oder Bauhunden.

2 Der Beagle verfolgt die Hasenspur ausdauernd.

3 Der Bayrische Gebirgsschweißhund ist Experte bei Nachsuchen.

Zu den Erdhunden gehören: Alle Arten der Teckel, Kurzhaar, Langhaar, Rauhaar, Deutscher Jagdterrier, Foxterrier, Border Terrier, Parson Russell und Jack Russell Terrier, Westfalenterrier.

Bracken (Laufhunde) Das eigentliche Einsatzgebiet ist die Jagd auf Hasen. Haben sie einen Hasen aufgestöbert und aus seiner Sasse hochgemacht, verfolgen sie ihn so lange, bis der Hase wieder an seinen ursprünglichen Platz zurückkehrt und der Jäger Meister Lampe vor die Flinte getrieben bekommt. Da diese Art des Jagens nur ab einer Fläche von 400 ha ausgeübt werden darf und es nur noch wenige solcher Reviere gibt, werden die Bracken immer mehr auf Bewegungsjagden auf Schalenwild eingesetzt. Zu den Bracken gehören: Beagle, Steirische Bracke, Deutsche Bracke, Brandlbracke, Kopov, Westfälische Dachsbracke.

Schweißhunde Schweißhunde sind Spezialisten für die Nachsuche. Ein krankgeschossenes Stück Schalenwild wird von ihnen anhand seiner individuellen Geruchsspur aus Trittsiegel, Schweiß (Blut) und Schnitthaaren an langem Riemen gesucht. Dabei zeigen sie eine grandiose Ausdauer auf der Spur und zeichnen sich durch ihren absoluten Finderwillen aus. Zu den Schweißhunden gehören: Bayrischer Gebirgsschweißhund und Hannoverscher Schweißhund.

1

2

3

EUER
REVIER

Das Wissen um
die Waldbewohner...

Nehmen wir einmal den Fokus aus dem dicht bewachsenen Unterholz heraus und begeben uns in die Vogelperspektive, so würde der Wald oder der ein oder andere Feldabschnitt aussehen wie das Straßennetz einer Kleinstadt.

Spuren von Rehen, die meist jeden Tag die gleichen Wege gehen, Abdrücke der Fuchsbranten, die Herr Reineke bei seinen nächtlichen Streifzügen hinterlassen hat, Hasenspuren, die euren Fußweg kreuzen, oder ein frisch umgepflügtes Feld, auf dem die wilden Wutzen mal wieder die Sau rausgelassen haben.

Jeder dieser Waldbewohner hat seinen ganz eigenen Tagesablauf, seine ganz eigenen Gewohnheiten und hinterlässt dabei seine ganz persönliche Geruchsspur. Nicht nur über seine Art, sondern auch über seinen Gemütszustand, seine Gesundheit und auch darüber, wann genau er an Ort und Stelle war.

1

2

1 Fuchs oder Kaninchenfell, wofür entscheidet sich Jule?

2 Das Kaninchenfell wird gerne von ihr aufgenommen.

3 Beim Fuchs ist sie skeptisch und möchte es nicht aufnehmen.

3

WAS VERRÄT DEIN HUND ÜBER SPUREN?

Bei meiner Arbeit und auf der Jagd bin ich darauf angewiesen, genau zu schauen, wenn meine Hunde die Nase in den Wind strecken und mir so anzeigen, dass sich hier gerade etwas tut. Je nachdem, auf welche Spur sie gerade treffen, kann man leicht an ihrer Verfassung ablesen, was vor sich geht und mit wem man zu rechnen hat. Sind sie aufgeregt oder eher verhalten? Ändert sich die Körpersprache? Sind sie angespannt, weichen sie zurück oder stehen sie sogar vor? Die Reaktionen der Hunde sind zum Teil genetisch fixiert und zum Teil die Summe der gemachten Erfahrungen mit der Art des jeweiligen Waldbewohners.

Manche Verhaltensweise deines Hundes mag für dich vielleicht banal erscheinen, kann aber bei genauerer Betrachtung einen Sinn ergeben. Dein Hund schnuppert eine gefühlte Ewigkeit an einem jungen Baum. Die Nase wandert der Spur entlang den Baumstamm hoch und runter, von links nach rechts und dann beginnt das ganze wieder von vorne. Vielleicht kannst du erkennen, dass sich hier vor kurzem jemand den Bauch mit junger Rinde oder frischen Blättern vollgeschlagen hat. Eventuell findest du auch ein paar Haare oder Spuren auf dem Boden, die Aufschluss darüber geben, wer soeben hier war. Ein paar Federn am Wegesrand werden von deinem Hund genau inspiziert. Die wird der gefiederte Freund sicherlich nicht freiwillig hinterlassen haben. Ist er von einem Raubvogel erwischt worden oder hatte der Fuchs seine Zähne im Spiel? Euer Hund wird es sicherlich wissen. Dies sind nur zwei von unzähligen Situationen, in denen du dir bewusst machen kannst, was dein Hund auf einem Spaziergang erlebt, was er wahrnimmt und wie fein seine Sinne sind. Er kann oftmals nicht anders, als zu reagieren.

Sensibel werden

Was kann dir dieses Wissen beim Spaziergang mit deinem jagdlich interessierten Hund nutzen? Dieses Wissen ersetzt dir das gezielte Training mit deinem Hund sicherlich nicht. Aber es macht dich auf jeden Fall sensibler für die Umwelt und für die Reize, denen dein Hund schnell erliegt. Es schult deine Beobachtungsgabe und gibt dir Einblicke in den Kopf deines Hundes. Somit kannst du vorausschauender spazieren gehen und vielleicht ringt es dir ab und zu ein kleines Schmunzeln ab und weckt Verständnis für das, was gerade in ihm vorgeht.

In den folgenden Kapiteln wirst du einige Waldbewohner genauer kennenlernen und danach abschätzen können, auf wen du wo genau treffen kannst – vielleicht sogar, bevor dein Hund eine Idee bekommt!

Die besten Entdeckungsreisen macht man nicht in fremden Ländern, sondern indem man die Welt mit neuen Augen betrachtet.

(Zitat unbekannt)

Wo seid ihr unterwegs?

Gibt es eine Lieblingsrunde, die du gerne mit deinem Hund gehst? Eine Runde, auf der ihr viel gemeinsam entdecken könnt? Überlege doch einmal genau, welche eurer täglichen Runden ihr in nächster Zeit zu eurem Revier auserwählen möchtet!

Hier könnt ihr genau hinschauen, wer hier wohnt und woran du erkennen kannst, was die Waldbewohner umtreibt. Du wirst Dinge entdecken, die dir ganze Geschichten erzählen können, wer es eilig hatte, um von A nach B zu kommen, wer was zum Abendbrot gegessen hat, wer wo sein Mittagsschläfchen hält oder in der Dämmerung seinen Bau für das Abendbrot verlässt.

Meine Empfehlung für eure Entdeckungstour: Nimm dir ein schönes Notizbuch, das du dir in die Hosentasche oder in den Rucksack stecken kannst. Dann hast du es immer dabei und kannst sofort eure Entdeckungen eintragen.

Im Feld wirst du meistens andere Bewohner finden, als im Wald.

Im Laubwald mit Naturverjüngung kann sich das Wild gut im Unterholz verbergen.

DIE KARTE!

Wie sieht es aus, euer Revier?

Versuche, euer Revier einmal grob zu skizzieren. Zeichne Abzweigungen, kleine Bäche, große umgekippte Bäume, Lichtungen, Heideflächen, kreuzende Straßen und andere markante Punkte auf, die dir einfallen. Vielleicht hast du ja schon einen Bau entdeckt, einen Hochsitz o. ä.? Dann trage es doch einfach schon mal auf deiner Karte ein.

Was wächst denn da? Jeder Waldbewohner hat seine eigenen Bedürfnisse. Sie suchen sich den Lebensraum aus, der zu ihnen passt. Das Nahrungsangebot muss stimmen, sie brauchen genug Raum und Rückzugsmöglichkeiten, um sich auszuruhen und um ihren Nachwuchs großzuziehen. Versuche einmal grob, die Pflanzen und Bäume zu bestimmen, die in einem Gebiet am häufigsten vorkommen: Laub- oder Nadelwald, Brombeeren,

Heidelbeeren oder Farn, alte oder noch ziemlich junge Bäume. Auf eurer nächsten Tour durchs Revier schau dir mal genau an, wo was wächst und zeichne es in deine Karte ein. Du hast jetzt einen ungefähren Plan von eurem Revier. Markante Stellen hast du dir markiert und du weist genau, wo was wächst.

Eine Karte gibt dir einen guten Überblick über dein Revier.

Diese eine besondere Stelle ...
Bevor du zum nächsten Teil über-
gehst, gibt es noch eine weitere Aufgabe für dich. Bestimmt gibt es an
bestimmten Stellen auf der Runde
immer wieder Ecken, an denen dein
Hund kleben bleibt und ewig ver-
weilt und an denen du ihn nur sehr
schwer davon überzeugen kannst,
mit dir weiterzugehen.

Wo sind diese Stellen genau? Markiere
dir sie mit einem roten X. Hast du
bereits eine Ahnung, warum er dort
so gerne seine Zeit vertrödelt? Mache
dir kleine Notizen an den Rand ...
Wie sieht es mit dir aus? Du wirst
wahrscheinlich mit offeneren Augen
durch euer Lieblingsrevier gestromert
sein! Hast du bereits Dinge entdeckt,
die dir sonst nicht aufgefallen sind?

1 Wildwechsel kann man
gut im Morgentau auf
einer Wiese entdecken.

2 Am Stacheldraht
bleibt das ein oder
andere Haar hängen.

3 Im aufgeweichten
Boden lassen sich leicht
Trittsiegel finden.

1

WILDREICH

Einiges los hier im Revier! Fährten durch den ganzen Wald, kleine, große kreuz und quer auf eurer täglichen Runde. Aber nicht nur die Fährten, also die Fußabdrücke der Waldbewohner, sondern noch viel mehr Dinge verraten dir ihre Anwesenheit. Wege, die die Waldbewohner immer wieder benutzen, sehen aus wie kleine Trampelpfade. Vielleicht findest du ein paar Federn, die vom letzten Mahl des Fuchses übriggeblieben sind. Köttel von Hase und Kaninchen, oder einen unangenehmen Geruch? Hier und da einen Bau … Also eine Menge Zeichen, die dir die Anwesenheit der Waldbewohner verraten können. Hast du einige Fährten gefunden, sagen dir diese nicht nur etwas über die Art des Waldbewohners aus, sondern auch einiges über seine Gewohnheiten und seinen Gemütszustand.

Die Fährte gibt euch Aufschluss über das

WAS hat das Tier hier gemacht? Gibt es hier ein besonders reiches Nahrungsangebot, oder war es nur auf der Durchreise?

WANN war das Tier da? Ist es eine frische oder eine alte Spur?

WOHIN ist das Tier gegangen? In welche Richtung ist es gelaufen und hat es sich länger an einer bestimmten Stelle aufgehalten?

WIE hat es sich gefühlt? War es auf der Flucht, oder ist es ganz in Ruhe weitergezogen? Vielleicht entdeckt man ja auch eine Abnormität im Gangbild und kann darauf schließen, dass das Tier krank ist.

Damit ihr genau zuordnen könnt, welches Tier welche Fährte hinterlassen hat und woran ihr noch erkennen könnt, wer sich da gerade warum aufgehalten hat, bekommt ihr im nächsten Teil einige Tipps an die Hand, wo ihr einmal genau hinschauen könnt und es wahrscheinlich ist, eine Fährte, Haare oder einen Wildwechsel erkennen zu können.

2 ____

3 ____

Auf den Spuren der Waldbewohner

Hier werden die häufigsten Wald- und Feldbewohner vorgestellt. Es gibt noch andere Wildtiere, wie z. B. Feder- oder Rotwild, die aber nicht so flächendeckend vorkommen.

MEISTER REINEKE

Meister Reineke gehört zu der Gruppe der „Hundeartigen" also zu den Caniden, genau wie dein Hund. Wer hätte das gedacht! Er ist unseren Hunden gar nicht so unähnlich. Sein Geruchssinn und sein Gehörsinn sind hervorragend ausgebildet. Kleinste Bewegungen nimmt er aus den Augenwinkeln wahr.

In der Regel ist Herr Reineke eher ein Einzelgänger. Er geht in der Dämmerung auf die Jagd und ruht sich von seinen Streifzügen meist im Bau aus, es sei denn, er findet ein sonniges Plätzchen, auf dem er sich beim Ruhen ungestört die Sonne auf den Pelz scheinen lassen kann.

Von Mäusen über Insekten bis hin zu Brombeeren steht einiges auf seinem Speiseplan. Bis zu einem Kilo vertilgt er pro Tag. Das will natürlich irgendwann auch wieder raus. Wenn ihr irgendwo eine Hinterlassenschaft auf einem Baumstamm findet, war es wahrscheinlich nicht der „kreative" Nachbarshund, sondern eher der Fuchs, der es bevorzugt, sein Geschäft an erhöhten Stellen zu erledigen. Eine Seite der Losung ist zu einer feinen Spitze ausgezogen und man kann gut Haare und kleine Knochen darin erkennen.

Solltet ihr auf die Fährte eines Fuchses treffen, kann es sein, dass euch ein übler Geruch in die Nase steigt. Irgendetwas zwischen faulem Fisch, nassem Hund und nicht gewaschenen Füßen. Dann schaut mal genau hin, ob ihr einen Pfotenabdruck oder evtl. ein paar Haare findet, die irgendwo am Stacheldrahtzaun einer Weide hängen geblieben sind! Verräterisch ist hier auch niedergetretenes Gras.

DER FELDHASE ALS GLÜCKSBOTE …

Mir hat einmal ein alter Jäger früh morgens auf der Pirsch erzählt, dass wenn man einen Feldhasen sieht, er einem für diesen Tag Glück bringt. Seitdem muss ich immer ein bisschen schmunzeln, wenn ich zwei lange Löffel auf dem Feld zwischen den Grashalmen hin und her wackeln sehe, Meister Lampe im Galopp über den Acker rennt oder er sich die langen Ohren mit seinen Vorderpfoten nach unten biegt, um diese zu putzen. Das kann ja nur ein guter Tag werden. Allerdings ist der Glücksbringer selbst nicht gerade der Hans im Glück. Durch unsere intensiv betriebene Landwirtschaft und den Rückgang unserer Flora und Fauna, werden die Rückzugsmöglichkeiten für den Hasen immer geringer. Er galt einst als Symbol für Fruchtbarkeit und mutiert nun zum Sorgenkind. Seine Population schrumpft leider zusehends und die wenigsten wissen von diesem Problem. Er ist auf der Hut vor seinen Fressfeinden wie Herrn Reineke oder den gefiederten Raubgesellen. Er fürchtet sich aber auch vor herumstreifenden Hunden. Wer möchte schon gerne auf Dauer vor dem Frühstück einen ausgedehnten Sprint hinlegen oder aus der Ferne betrachten, wie der Nachwuchs von neugierigen Hundenasen begutachtet wird? Wir würden auch unsere Koffer packen, und uns hier nicht mehr wohlfühlen.

KANINCHEN, GESELLIGES GROSSFAMILIENLEBEN

Kaninchen leben gerne gesellig in einer großen Gemeinschaft zusammen. Keine Wiese im Park, ohne das hier und da ein weißer Stummelschwanz aufblitzt, der im Gebüsch verschwindet. Im Gegensatz zu Meister Lampe bewohnt Familie Kaninchen einen Bau. Diese Bauten ähneln einer unterirdischen Kleinstadt. Ihre Gänge können bis zu drei Meter tief sein und bis zu 45 Meter lang. Eine ordentliche Leistung, so ein Tunnelsystem zu bauen. Ihre Vermehrungsrate ist enorm. Ein Kaninchen kann in einem Jahr 3 – 5-mal ca. 5 – 10 Junge bekommen. Die Jungen kommen im Gegensatz zum Hasen nackt und blind zur Welt. Wo findest du in eurem Revier einen

Manchmal entdeckt man nur die langen Löffel eines Hasen, der in der Wiese sitzt.

Nicht gerade leise wandert der Dachs durch die Abendstunde.

Kaninchenbau? Oft sind sie nicht sofort zu entdecken. Auf erhobenen Stellen findet man als Hinweis auch schon mal einiges an Kaninchenkötteln. Wie reagiert dein Hund an dieser Stelle? Beobachte seine Körpersprache einmal genau! Ist er überhaupt noch ansprechbar?

EIN FALL FÜR OPTIKER UND HÖRAKUSTIKER

Zum Glück sind Dachse ausgesprochene Nasentiere.
Familie Dachs bewohnt einen Bau und ist sehr, sehr reinlich. Sie machen sogar nach der Winterruhe einen richtigen Hausputz. Da wird alles vor die Tür geräumt, was sich über den Winter hinweg angesammelt hat. Die manchmal bis zu 80 cm langen Dachse sind nicht unbedingt Leisetreter, wenn sie unterwegs sind! Da sitzt man auf dem Hochsitz, denkt, eine ganze Wildschweinfamilie kommt aus dem Unterholz gestolpert, und was poltert schmatzend über den Acker? Ein einziger Dachs!
Er nimmt alles mit, was er fressen kann! Aas, Kleinsäuger, Beeren, Pflanzen! Einen Dachsbau kann man ganz gut am sogenannten „Geschleif" erkennen. Durch die kurzen Dachsbeinchen schleift der Bauch immer über den Boden. Das hat den Vorteil, dass es vor dem Bau immer ordentlich und gefegt aussieht.

EICHHÖRNCHEN – KLEINER KOBOLD KOPFÜBER

Uns Hundehaltern machen sie den entspannten Spaziergang manchmal schwer. Tagaktiv bewegen sie sich schnell und mit zackigen Bewegungen vor den Hundenasen herum. Kein Wunder, dass dein Hund hier gerne mal genau schauen möchte. Ist er kurz davor, so einen kleinen Kobold zu packen, sitzt dieser schon auf dem Baum und keckert frech von oben herunter. Fast so, als würde er deinen Hund auslachen.

1 Ein Zapfen nach dem anderen wird nach seinen Samen abgesucht.

2 Ein untrügliches Zeichen, dass hier ein Eichhörnchen unterwegs ist.

2

1

Aber woran kannst du erkennen, dass an einem Ort ein Eichhörnchen haust, wenn es euch nicht gerade auf der Nase herumtanzt?
Ihre Schlafplätze, die Kobel, von denen sie manchmal bis zu acht haben, sind in den Bäumen meist nicht so gut zu entdecken. Deshalb gehst du am besten mit dem Blick nach unten auf die Suche nach ihnen. Am besten im Fichtenwald (hast du dir ja bestimmt in deine Karte eingezeichnet, wo du Fichten findest), denn so ein kleiner Kerl braucht nämlich die Samen von bis zu 100 Fichtenzapfen pro Tag. Da er nur die Samen frisst, findest du das Gerippe der Zapfen am Stamm der Fichten liegen. Haselnüsse und Walnüsse werden ebenso gerne genommen. Schaut mal unter die Haselbüsche und die Walnussbäume, was es dort an Schalen und Spuren gibt.

3

4

DIE ROSEN DES HERRN BOCK ...

... und der Herzspiegel von Frau Ricke! Früh am Morgen, im Farn, siehst du zwei riesige Ohren, die sich hin und her bewegen. Eine große schwarze Nase wird in die Luft gereckt, um die, die schon so früh unterwegs sind, genau auszumachen. Dann geht es ganz schnell, es wird sich weggeduckt, um von dem Störenfried wegzukommen. Du siehst nur noch einen weißen Hintern, der vor dir ins dichte Unterholz verschwindet.

Ob es ein Böckchen oder eine Ricke war, kannst du ganz gut bestimmen, ohne dass du gesehen hast, ob das Reh ein Gehörn trägt oder nicht. Herr Bock hat einen nierenförmigen weißen Fleck (der Jäger nennt ihn Spiegel) auf seinem Hinterteil, wogegen Frau Reh einen weißen Spiegel in Form eines Herzens trägt.

Sein Gehörn trägt der Herr nicht das ganze Jahr über. Jedes Jahr, ca. im Oktober, wirft er seinen Kopfschmuck ab. Doch bereits im Mai trägt er voller Stolz seinen neuen Kopfschmuck, um die Damenwelt zu beeindrucken. Während er sein neues Gehörn „schiebt", ist die Knochenmasse von der sogenannten Basthaut umgeben. Sie sieht aus wie Samt und ist gut durchblutet. In der Zeit um April fängt diese Haut an, wahnsinnig zu jucken. Herr Bock sucht sich dann kleine Bäume oder herunterhängende Äste, an denen er sein Gehörn schubbern kann. Da die Basthaut gut durchblutet ist und Pflanzensaft aus den Rinden austritt, an der sich der Bock schubbert, und sich das Blut mit dem Pflanzensaft vermischt, erhält das Gehörn seine typische rotbraune Farbe.

3 Herr Bock mit seinem Gehörn in der Basthaut.

4 Eine Fegestelle, an dem sich das Böckchen das Gehörn geschubbert hat.

Die Rosen des Herrn Bock duften immer noch verführerisch.

Wenns dem Böckchen juckt ...

Diese Schubberstellen (Fegestellen sagt der Waidmann) finden auch unsere Hunde ziemlich interessant. Ist dein Hund schon einmal eine gefühlte Ewigkeit an einem jungen Baum stehen geblieben und hat ihn von oben bis unten und wieder zurück mit der Nase abgeschnuppert? Dann schau doch mal genau an dieser Stelle nach, ob du nicht zufällig noch ein paar Haare entdecken kannst!

Familie Reh ist, was die Nahrung betrifft, ziemlich pingelig. Kräuter, junge Triebe und zarte Rinde stehen bei ihnen auf dem Speiseplan. Ein Graus für jeden Forstwirt.

Zudem sind sie ziemliche Gewohnheitstiere. Sie suchen meist die gleichen Schlafplätze auf, gehen immer die gleichen Wege und sind auch sonst ziemlich pünktlich, sodass du fast die Uhr danach stellen kannst und weißt, wo du welches Reh wann antriffst.

Brut- und Setzzeit

Ihre Jungen setzen die Rehe zwischen Mai und Juni. Die Ricken halten sich meist nur sehr kurz bei ihren Kitzen auf, um sie zu säugen. Danach verlassen sie das Kitz zum Schutz vor Feinden wieder. Die Kitze sind noch sehr geruchsarm und werden dadurch nicht so schnell gefunden. Manchmal kommt es vor, dass man förmlich über ein Kitz stolpert. Nähert sich etwas Ungewöhnliches, ducken sich die Jungtiere ins Gras. Ein Kitz, das allein auf einer Wiese gefunden wurde, bedeutet nicht gleichzeitig, dass es verwaist ist. Die Mutter steht meist in der Nähe und hat ein Auge auf das Jungtier. Beide kommunizieren über Fieplaute miteinander.

1 Ein Hosenflicker unterwegs, frech und unerschrocken.

2 Die Frischlinge sind gut getarnt und manchmal nicht zu entdecken.

3 Ein typischer Malbaum – hier kann Sau die Schwarte schubbern.

FAMILIE WILDSAU

Familie Wildsau lebt in einem gesel-
ligen Familienverband zusammen.
Ein gemischter Haufen aus Bachen,
Frischlingen, Überläufern (die Puber-
tierenden, auch Hosenflicker genannt,
die ihrem Namen alle Ehre machen).
Herr Keiler ist eher ein Einzelgänger.
Wo sie durchziehen, bleibt kein Stein
auf dem anderen. Ein Albtraum für
einen Bauern, auf dessen Feld sie sich
eine Nacht lang aufgehalten haben.
Einmal die Nase in die Erde gebohrt
und mit dem Nasenrücken, der Waid-
geselle sagt Wurf dazu, die Grasnarbe
umgedreht, um an die Insekten zu
kommen, die sich im Erdreich befinden. Ein wahres Schlachtfeld im
Morgengrauen!
Ihre Sehkraft ist nicht die beste, dafür
macht ihr Gehörsinn das wieder wett.
Sie vernehmen die kleinsten Geräusche und sind weg, bevor man sie zu
Gesicht bekommen hat. Allerdings
können wir sie ganz gut riechen, nicht
nur unser Hund. Wenn ihr das Gefühl
habt, dass jemand eine Flasche Maggie
verschüttet hat, werden es wahrscheinlich die Sauen gewesen sein.

Der Malbaum der Familie Wildsau ...

Gerne wird sich in schlammigen
Böden gesuhlt – Wellness für die
ganze Rotte, denn es ist DAS Mittel
gegen Parasiten. Damit der Schlamm
auch gut hält und gut eingearbeitet
wird, schubbern sie sich an Baum-
stämmen. Der Jäger nennt dies einen
Malbaum.

1 ____

2 ____

3 ____

1 Der Eichelhäher als Waldpolizei.
Er schlägt laut krächzend Alarm.

2 Hier und da findet man schon mal eine
seiner schönen blau gestreiften Federn.

1

2

Die Familie wächst recht schnell. Durch ein reichhaltiges Nahrungs-angebot haben sie keine Hungersnot zu befürchten. Eine Bache kann nach einer Tragezeit von 3 Monaten, 3 Wochen und 3 Tagen maximal 8 – 10 Frischlinge bekommen. Eine Bache ist in der Zeit, in der sie Fri-schlinge führt, ziemlich unentspannt. Also Achtung, wenn ihr auf einen scheinbar verirrten Frischling stoßt ... lasst ihn besser ziehen, denn Mutti könnte in der Nähe sein!
Gibt es Stellen in eurem Revier, an denen es nach Maggie riecht? Wie sehen die Felder aus? Gibt es Löcher? Zeichne deine Funde auf deiner Revierkarte ein!

DER EICHELHÄHER ...

Meist hört man ihn, bevor man ihn zu Gesicht bekommt ... Der Eichel-häher gehört zu der Familie der Rabenvögel, und genauso krächzend hört sich auch seine Stimme an. Nähert sich ein Feind, wozu wir als Mensch für ihn auf jeden Fall zählen, lässt er es die umstehenden Wald-bewohner durch sein Geschrei wissen. Quasi das Frühwarnsystem für Reh, Hase und Fuchs.
Ab und zu finden wir diese schillern-den blauen Federn am Boden, wer weiß, wie er diese verloren hat ... Viel-leicht war es ein Raubvogel, der ihn

erwischt hat oder Herr Reineke ist unter dem Eichelhäherradar durch und hat ihn sich geschnappt ... Dein Hund kann es dir bestimmt erzählen. Schau doch mal, ob du verdächtige Spuren findest!

LUST AUF MEHR ...

Natürlich gibt es noch viel mehr Waldbewohner, als in diesem Buch beschrieben. Was du genau findest, hängt sehr stark davon ab, wo du lebst. Wenn dich die Neugier gepackt hat und du mehr wissen willst, schau doch bei deiner jeweiligen Jägerschaft einmal auf die Homepage. Die meisten Jägerschaften haben das Angebot „Lernort Natur" auf dem Programm stehen. Hier wird man dir sicherlich gerne Auskunft geben. Eine weitere Möglichkeit bietet natürlich der klassische Naturführer, wenn du auf eigene Faust auf Entdeckungsreise gehen möchtest.

Du kannst den Eichelhäher gut an seiner lauten und krächzenden Stimme erkennen.

DU IM KOPF
DEINES WILDFANGS

Grundgedanke zum Training

Wir alle wünschen es uns, unseren Hund frei laufen lassen zu können und ihm die Freiheit zu geben, von der wir überzeugt sind, dass er diese benötigt. Aber was bedarf es dazu eigentlich genau?

D ie Bedingungen für den Freilauf werden durch die Umwelt bestimmt, in der du dich mit deinem Hund bewegst. In der Stadt gibt es ganz andere Vorschriften als zum Beispiel auf dem Land oder im Wald. Auf der anderen Seite hängt der Freiraum, den du deinem Hund geben kannst, vom einzelnen Individuum ab. Inwieweit ist dein Hund in unterschiedlichen Situationen ansprechbar und inwieweit hast du Einfluss auf sein Verhalten, das er gerade zeigt? Und ist dein Hund bereit, den Spaziergang mit dir gemeinsam zu bestreiten? Wer bestimmt wann, ob eine gemeinsame Aktion beginnt oder beendet wird?

Tief mit der Nase im Mauseloch hat Ella keinen Sinn dafür, auf den Rückruf zu reagieren.

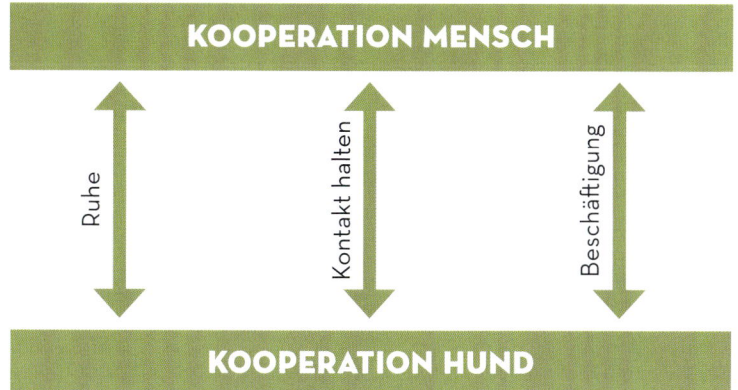

Und dann sind da auch noch wir, als Mensch mit unseren Erwartungen an den Hund, mit unserer nicht immer gleichbleibenden Stimmung, und dadurch sind wir nicht immer berechenbar für ihn. Inwieweit übernehmen wir Verantwortung für unsere Hunde, definieren Grenzen, geben Freiräume vor und setzen diese Grenzen auch durch? Wer definiert bei euch den Ort, an dem man sich aufhalten darf und wo nicht?

Lass uns im nächsten Kapitel einmal genau hinschauen, wie du sowohl Grenzen setzen als auch Freiräume definieren kannst, damit ihr entspannt unterwegs sein könnt und jeder dennoch auf seine Kosten kommt.

Wieder aufgetaucht und ansprechbar – so kann der Spaziergang weitergehen.

KOOPERATION MENSCH

Ruhe

Kontakt halten

Beschäftigung

KOOPERATION HUND

Der kleine Waldknigge — die Umwelt, dein Hund und du

Als Jägerin und Jagdhundbesitzerin kann ich das natürlich sehr gut nachvollziehen, wenn man in Feld, Wald und Flur nach Erholung und Entspannung sucht. Allerdings gibt es hierfür einen ganz klar definierten Rahmen, wann und wie du dich mit deinem Hund im Gelände bewegen darfst.

Erich Kästner sagte einmal: „Wenn man so ganz allein im Walde steht, begreift man nur schwer, wozu man in Büros und Kinos geht. Und plötzlich will man alles das nicht mehr!" Recht hat er, wie ich finde. Aber was können wir tun, dass auch jeder die Möglichkeit hat, seine Erholung und Entspannung im Wald zu finden?

RECHTE UND PFLICHTEN IM WALD

Grundsätzlich ist das Betreten des Waldes, um sich zu erholen, in NRW auf eigene Gefahr hin zu jeder Tageszeit gestattet, auch abseits von Wegen und Straßen. Allerdings ist das Betreten von Forstkulturen, Forstdickungen, Holzeinschlagflächen, forstwirtschaftlichen und jagdlichen Einrichtungen, wie zum Beispiel Hochsitzen, verboten. Im Wald müssen Hunde außerhalb von Wegen angeleint sein. Für einen Jagdhund im Einsatz oder einen Polizeihund gilt das nicht. Allerdings sollte man als Jäger auch hier Vorbild sein. So lange dein Hund unangeleint auf dem Weg bleibt, ansprechbar ist, also zum Beispiel auf dein Signal hin auf direktem Wege zu dir zurückkommt, oder den Weg nicht verlässt, steht eurem entspannten Spaziergang nichts entgegen. Allerdings kann es hier auch schon mal Einschränkungen durch Auflagen der jeweiligen Landeshundegesetze oder örtlichen Regelungen kommen.

DIE FREIE LANDSCHAFT – DAS LANDSCHAFTSGESETZ

Im Gegensatz zum Betretungsrecht im Wald gibt es ein solches für die freie Landschaft nicht. Allerdings dürfen private Wege, Wirtschaftswege und landwirtschaftlich nicht genutzte Flächen auf eigene Gefahr zur Erholung genutzt werden. Auch auf diesen Flächen dürfen Hunde auch unangeleint mit dir spazieren gehen. Allerdings musst du hier natürlich auf die Brut- und Setzzeiten der dort lebenden Wildtiere achten. Also, am besten immer vorher nachfragen, ob es okay ist, mit seinem Hund auf der Wiese zu toben.

IM WALDESGRUND – DAS LANDESFORSTGESETZ

Achtung, hier gibt es von Bundesland zu Bundesland Unterschiede. Viele Hundehalter haben leider oft das Bild des bösen Jägers vor Augen, der einen frei laufenden Hund ohne jede Vorwarnung schießt. Ein heikles Thema für beide Seiten. Auch der Jäger ist zumeist Hundeführer und der Hund ist ihm ein lieb gewordener Begleiter an seiner Seite im Revier, zu Hause Familienhund und bester Kumpel der Kinder.

Verlässt ein treuer Jagdbegleiter seine Familie, sei es bei einem Unfall auf der Jagd, durch Krankheit oder ist seine Zeit, die wir mit ihm verbringen können, durch sein Alter begrenzt, so wird dieser genauso betrauert werden wie ein Familienhund. Als Jägerin und Hundeführerin weiß ich um den Schmerz des Verlustes eines Hundes. Aber wie bei allem, habe ich nicht nur Rechte als Jägerin, sondern bekomme vom Gesetzgeber auch eine Menge Pflichten auferlegt. Das Recht zu Jagen beinhaltet auch die Pflicht, das Wild zu schützen.

WANN BESTEHT DER TAT- BESTAND DER WILDEREI?

Mit Wilderei bezeichnet man im Allgemeinen unberechtigtes Jagen und Fangen von Wildtieren. Du kennst bestimmt noch den Begriff „Wildschütz" aus den alten Schwarz- weiß-Schinken im Fernsehen.

Ein bisschen Geschichte vorneweg …

Bis ins Mittelalter hatte jeder das Recht zu jagen. Bauern durften jagen, um ihren Viehbestand oder ihren Grund und Boden vor Wildschäden zu schützen. Natürlich auch, um etwas auf den Tisch zu bekommen. Dieses Recht zu jagen wurde aber mit der Zeit immer mehr durch den Adel einge- schränkt und zunehmend als sportli- che Freizeitbeschäftigung denn als Nahrungserwerb gesehen. Die „Hohe Jagd" war für den Normalsterblichen verboten. Das Recht, Hochwild zu jagen oblag nur dem Adel.

Zum Hochwild gehört auch heute noch:

Haarwild: Wisent, Elch-, Rot-, Dam-, Muffel-, Gams-, Stein- und Schwarz- wild sowie Bären, Wölfe und Luchse.

Federwild: Auer-, Birk-, Haselwild, Fasane, Schwäne, Trappen, Kraniche, Pelikane, Uhu und Adler. Auch die zur Beizjagd verwendeten Falken waren Hochwild.

Nun durften die normalen Bürger und die Bauern nur noch auf Nieder- wild jagen. Hielten sie sich nicht daran, galten sie als Wilddiebe. Das Jagdprivileg des Adels gibt es heute nicht mehr, sondern ist nun an Grundbesitz und einen gültigen Jagdschein gebunden. Allerdings ist Jagdwilderei immer noch eine Straftat. Dies bedeutet, wer Wild unberechtigt fängt, erlegt oder sich aneignet, ist ein Wilddieb. Dazu ge- hören auch zum Beispiel Geweihe/ Gehörne/Hörner, Knochen, Federn. Wer also als Besucher in einem Jagd- bezirk ohne (nachträgliche) Erlaubnis z. B. eine abgeworfene Geweihstange aufnimmt und mit nach Haus nimmt, begeht Wilderei im Sinne des Geset- zes. Dies gilt auch für deinen Hund, wenn er Wild nachstellt, es hetzt, packt und tötet.

DAS GEHÖRT DER NATUR BZW. DEM JÄGER

Dass man nicht einfach ein Kitz mitnehmen darf, ist klar. Aber viele wissen nicht, dass auch Vogelfedern, Eier, Abwurfstangen der Natur bzw. dem Revierinhaber gehören.

1.
Die gefundene Feder eines Eichelhähers mitnehmen? Ja, er gehört nicht zu den jagdbaren Arten.

2.
Gelege dürfen nicht einfach mitgenommen werden. Diese leere Eierschale würde ich für Herrn Reineke liegenlassen.

3.
Ein Gehörn oder ein abgeworfenes Geweih darfst du nicht einfach mitnehmen. Du würdest dich der Wilderei schuldig machen.

Das kleine Jägerlatinum ... Einstieg in das Training

Was sollte das Ziel des Trainings mit einem jagdlich motivierten Hund sein? Und wie sehen die Schritte zum Ziel genau aus? Lass uns das Ziel einmal Schritt für Schritt formulieren.

Brav am Rucksack warten, bis man wieder abgeholt wird, kein Thema mehr für Jule.

Ein jagender Hund nimmt deine Rufe nicht mehr wahr, verspürt keinen Schmerz, keinen Hunger und keinen Durst, aber ist unendlich glücklich in seinem Tun. Hat er dieses Glück einmal erlebt, so wird er es immer wieder haben wollen. Dafür braucht dein Hund noch nicht einmal einen Jagderfolg zu haben. Das Verfolgen und Hetzen reichen ihm völlig aus. In diesem Moment wird dein Hund kein großes Interesse mehr daran haben, Kontakt zu dir zu halten oder in Ruhe den davonhüpfenden Hasen zu beobachten und ihn ziehen zu lassen. Du bist raus aus seinem Kopf! Der Fokus deines Hundes ist nach außen gerichtet, weg von dir!

Aber wie kommst du da jetzt wieder rein? Euer Miteinander sollte sich so gestalten, dass ihr beide zufrieden seid und ihr miteinander harmoniert. Kommt zusammen zur Ruhe. Lasst eure Leine zum Accessoire werden, die zwar nett aussieht, die ihr aber nicht benötigt, da sich dein Hund gerne an dir orientiert, dich gerne anschaut und sich kooperativ zeigt. Bei dir ist es einfach toll, ihr habt einen gemeinsamen Wohlfühlradius auf euren

Das, was wir als Hundehalter meist nicht erreichen wollen – die Von-weg-Motivation.

Spaziergängen und du bietest deinem Hund Sicherheit und Orientierung durch den Alltagsdschungel.

Mit dir im Gespräch zu bleiben und das gemeinsame Miteinander machen aus Sicht deines Hundes wieder Spaß und vor allem Sinn. Ganz nebenbei lernt ihr euch noch einmal besser kennen. Das Ausdrucksverhalten deines Hundes, seine Veranlagungen, seine Ansprechbarkeit, seine Wahrnehmung und auch seine Grenzen.

DEFINITION VON LERN-ZIELEN

Wichtig finde ich es, vor einem Trainingsbeginn immer das genaue Ziel zu definieren, um einen Fahrplan zu haben, Meilensteine zu setzen und um Teilerfolge auch mal feiern zu können. Diese Meilensteine helfen dir dabei, schrittweise vorzugehen, und schon ist der Weg zum Trainingsziel nicht mehr ganz so lange.

Ganz wichtig ist dabei, mit welcher Motivation du startest!

DIE VON-WEG-MOTIVATION
Zeichnung Von-Weg-Motivation

Du befindest dich mit deinem Hund gerade an einem Punkt, an dem du sagst: „So kann das mit uns nicht weitergehen, ich will das so nicht mehr und ich habe mir das alles ganz anders vorgestellt."

Du bist motiviert, etwas zu verändern, erkundigst dich nach Seminaren und buchst für euch einen Rückrufkurs, einen Beschäftigungskurs und Canicross würde dir auch noch viel Spaß machen. Nach den Kursen läuft dein Hund immer noch wild umher und du kannst ihn teilweise abrufen, bist aber immer noch nicht ganz entspannt im Wald unterwegs.

Die Beschäftigung auf Geräten klappt auf dem Platz ganz gut und rennen könnt ihr beim Canicross wie der Teufel. Aber war es das, was du dir gewünscht hast? Hat es dein eigentliches Grundproblem gelöst? Auf jeden Fall bist du aktiv geworden und hast dich in mehrere Richtungen orientiert.

1

2

Reize verändert wird. Das heißt, ich möchte meinen Hund in jeder erdenklichen Situation in seinem Verhalten unterbrechen können, ihm Orientierung bieten und in einem gemeinsamen Gespräch während des Spaziergangs bleiben.

Somit hast du ein klares Ziel formuliert, an dem du dich orientieren kannst und das dir eine klare Richtung vorgibt. Den Weg zu deinem Ziel kannst du in kleinere Meilensteine unterteilen, die du feiern kannst, wenn du sie erreichst. Und die Trainingsschritte zwischen den Meilensteinen kannst du ebenfalls noch einmal kleinschrittiger formulieren.

SECHS FRAGEN

Stelle dir bei der kleinschrittigen Planung deines Trainings immer diese sechs Fragen:

WAS? Was genau soll der Hund tun? Schau mich bitte an.

WANN? Wann soll er es tun? Sofort.

WARUM? Was soll der Auslöser für die Handlung deines Hundes sein? Das Schnalzen mit der Zunge.

WO? Wo soll er die Handlung ausführen? Egal, da wo er im näheren Umkreis gerade ist.

WOHIN? Muss er sich bei diesem Trainingsziel bewegen? Wohin soll er sich bewegen? Drehe den Kopf zu mir!

WIE LANGE? Wie lange soll die Handlung dauern? Bis ein neues Signal kommt.

1 Gerüche, Geräusche, Bewegungen – Vor dem Training erlag August jedem Reiz.

2 Nun sind die beiden gemeinsam unterwegs.

DIE HIN-ZU-MOTIVATION

Nehmen wir noch einmal die Einstiegssituation: Du befindest dich mit deinem Hund gerade an einem Punkt, an dem du sagst: „So kann das mit uns nicht weitergehen, ich will das so nicht mehr und ich habe mir das alles ganz anders vorgestellt." Und nun machst du dir einmal Gedanken darüber, wie euer gemeinsames Ziel aussehen soll.

Wenn wir so ein Ziel einmal für jagdlich motivierte Hunde formulieren würden, könnte das so aussehen: „Der Sinn des Trainings mit meinem jagdlich motivierten Hund sollte es sein, dass das Reaktionsverhalten meines Hundes auf jagdauslösende

DIE GEEIGNETE LERN-UMGEBUNG

Wie gestaltest du am besten die Lernumgebung für den Einstieg ins Training? Für den Einstieg in das Training mit deinem Wildfang solltest du dir eine Umgebung wählen, in der es möglichst wenig Ablenkungen für deinen Hund, aber auch für dich gibt. Baut euch Stück für Stück ein Gerüst für eure gemeinsamen Absprachen auf. Eure getroffenen Absprachen sollten auch von beiden Seiten eingehalten werden. Das schafft Klarheit für deinen Hund, er weiß woran er sich orientieren kann und du wirst dadurch berechenbar, das schafft Sicherheit. Dir geben klare Absprachen, die ihr euch im Training erarbeitet und die ihr in verschiedenen Umgebungen und unter sich ändernden Umständen wiederholt,

eine enorme Handlungssicherheit. Passe deine Trainingsumgebung deinen Trainingsfortschritten an.

Generalisieren

Hunde lernen sehr stark kontextbezogen. Das heißt, dass ein Verhalten, das in einer bestimmten Situation erlernt wurde, schwer auf eine neue Situation übertragen wird. Es ist aber wichtig, dass euer erarbeitetes Gerüst situationsunabhängig seine Form hält und eure Absprachen immer und überall gelten, für dich und für deinen Hund.

Damit eure Absprachen alltagstauglich sind und verallgemeinert werden können, müssen sie unabhängig von der Außensituation immer die gleiche Bedeutung haben. Das heißt, bei jeder Steigerung der Außenreize fängst du noch mal klein bei der Absprache an.

Die Hin-zu-Motivation, ein klarer Weg zu deinem Ziel.

Frieda macht erste Bekanntschaften mit Wild. Warten am Rucksack kann sie schon.

Erregungslevel

Eine bestimmte Erregung sollte im Training vorhanden sein. Dein Hund sollte motiviert sein, etwas mit dir machen zu wollen. Die Extreme wären:

1. Der Hund legt sich zum Beispiel sofort hin und zeigt keinerlei Interesse an deinem Tun.
2. Dein Hund ist absolut übermotiviert, kann sich nicht konzentrieren und wird durch den noch so kleinsten Umweltreiz ausgelöst.

Wie leicht erregbar dein Hund ist, hängt zum einen von seiner erblichen Veranlagung ab und zum anderen von seinen bereits gemachten Erfahrungen.

Stress

Der Begriff Stress wurde von dem Mediziner Hans Sellye geprägt und meint im Grunde genommen die „Unspezifische Reaktion des Körpers auf jegliche Anforderung".
Stress ist eine durch spezifische Reize hervorgerufene psychische und physiologische Reaktion von Mensch und Tier, die uns zur Bewältigung besonderer Anforderungen befähigt. Im Allgemeinen meinen wir mit Stress aber die körperliche und geistige Belastung. Stress kann durch angenehme, aber auch durch unangenehm auftretende Reize entstehen. Dabei unterscheiden wir Distress, der durch die Einwirkung unangenehmer Reize auftritt.

Das können Reize sein, die als unangenehm, bedrohlich oder überfordernd empfunden werden.
Eustress hingegen entsteht, wenn wir durch zuträgliche Reize, die bei uns Freude oder eine freudige Erwartung auslösen, stimuliert werden. Grundsätzlich gilt, das eine Lernsituation oder die Lernumgebung so gestaltet wird, dass ein gewisser Level an Erregung nicht überschritten wird.

Dein Hund selbst

Generell hängt die Lernfähigkeit deines Hundes und seine Art zu lernen von seiner geerbten Veranlagung ab. Hinzu kommen noch die von ihm gemachten Erfahrungen. Deshalb sollte dir bewusst bzw. bekannt sein, wie du deinen Hund am besten motivieren kannst, mit dir zusammenzuarbeiten.

Die belebte Umwelt in Feld, Wald und Flur

Wo ist dein Hund noch ansprechbar, kann dir gut zuhören und sich auf das konzentrieren, was ihr beide zusammen macht? Achte beim Einstieg in das Training darauf, nicht zu viele Reize in den ersten Trainingsschritten anzulegen. Eine bekannte Umgebung, in der du weißt, dass dein Hund ruhig und entspannt mit dir zusammenarbeitet, ist zu Beginn ideal. Ist dein Hund bereits schon mit seinen Gedanken woanders, ist dies nicht das geeignete Lernumfeld.

Die Sache mit der Witterung

Der eine geht nicht gerne bei Regen raus, dem anderen ist es fast egal. Der Sonnenanbeter aalt sich bei 30 Grad im Schatten noch auf der verbrannten Wiese, während der andere schon bei knappen Plustemperaturen die Zunge mit seinen Vorderpfoten platt tritt.

Optische Reize während des Trainings

Ist dein Hund ein Sichtjäger, ist es sicherlich nicht förderlich, am gemähten Acker, auf denen sich ganze Wildtaubenhorden tummeln, zu trainieren. Suche dir am besten eine Trainingsmöglichkeit mit geringer optischer Ablenkung.

TRAINING IM WILDPARK – SINN ODER UNSINN?

Das Wild im Wildpark ist nicht wirklich „wild". Sprich, es benimmt sich nicht so, wie es das Wild in freier Wildbahn tun würde. Meistens ist das Wildparkwild sehr zutraulich und läuft nicht weg. Manch ein Hund findet das ziemlich gruselig. Je nach Hund kann es hier Sinn machen zu trainieren, aber einen richtigen Jäger haut es nicht vom Hocker.

Eine Nase voll –
August nimmt jede
Menge interessante
Gerüche wahr.

Olfaktorische Reize

Stehst du mit deinem Hund gerade
auf einem Wildwechsel oder an der
Suhle von Familie Wildsau, wirst
du es sicherlich schwer haben, deinen
Hund zur Mitarbeit zu bewegen.
Schaue dir deinen Hund genau an:
Ist er ständig am Wittern?

Deine Stimmung im Training

Unsere Stimmung überträgt sich oft
auf unsere Hunde. Nicht nur unsere
Körperhaltung und unsere Stimme,
sondern auch unser Geruch gibt ihnen
Auskunft darüber, was wir gerade empfinden. Wenn wir Freude oder Angst
empfinden, sendet unser Körper Boten-
stoffe aus, die unser Hund augenblicklich wahrnehmen kann.
Wir können körpersprachlich noch
so sehr schauspielern, der Hund weiß,
was los ist. Unsere Handlungen und
unsere innere Befindlichkeit müssen

übereinstimmen, damit wir von unserem Hund ernst genommen werden.
Also bleibe authentisch.

Den Rahmen eures Gesprächs bestimmen …

Inwieweit ist dein Hund bereit, den
Spaziergang mit dir gemeinsam zu
bestreiten? Wer bestimmt, wann ein
Gespräch beginnt und wann es endet?
Wer definiert bei euch den Ort, an
dem man sich aufhalten darf und wo
nicht? In wie weit ist dein Hund an
bestimmten Orten ansprechbar?
Wie kannst du einen klaren Rahmen
für dich und deinen jagdlich motivierten Hund definieren? Abgesehen
von den Umweltgegebenheiten und
Vorschriften für einen bestimmten
Aktionsrahmen deines Hundes hängt
der Rahmen ganz klar von seiner
Bereitschaft ab, mit dir ein Gespräch
zu führen und auch dranzubleiben.

Das kleine und das große Jägerlatinum

Das kleine Latinum beinhaltet die Basics, die jeder Hund können sollte. Dein Hund sollte ansprechbar sein, Blickkontakt zu dir aufnehmen, sich gern anleinen lassen und bei dir bleiben.

DAS KLEINE LATINUM – IM GESPRÄCH BLEIBEN

Das kleine Jägerlatinum beschreibt euren Gesprächsrahmen im Nahbereich. Ihr bleibt so lange im Gespräch, bis du dieses beendest und du deinen Hund freigibst. Dabei orientiert sich dein Hund gerne und wie selbstverständlich an deiner Körpersprache und an deinen verwendeten Signalen.

Welche Vokabeln sollte das kleine Jägerlatinum beinhalten?

1. Dein Hund nimmt gerne und freiwillig Blickkontakt zu dir auf und diese Blicke zu dir lohnen sich auf jeden Fall für ihn.
2. Wenn du mit der Zunge schnalzt, guckt dein Hund dich sofort an.
3. Dein Hund sollte sich gerne an die Leine nehmen lassen und die Leine mit etwas Positivem verknüpft haben.
4. Das Ableinen bedeutet erst einmal, bei dir zu bleiben und nicht „Aufbruch zur Jagd".
5. Jetzt darfst du laufen – Signal
6. Sitzen (bleiben)
7. Zusammen mit dir zur Ruhe kommen „Hund in Ruh'"
8. Zur Ruhe kommen, wenn du nicht dabei bist „Entspannt warten am Rucksack"
9. Gespräche mit deinem Hund verlängern und auch spannend gestalten können
10. Zusammen losgehen, zusammen stehen bleiben, zusammen die Richtung wechseln können.

Wie gut, dass Fila immer alles findet, wenn ich mal etwas verloren habe.

DAS GROSSE JÄGERLATINUM

Mithilfe des kleinen Jägerlatinums bist du wieder per Du mit deinem Hund. So weit, so gut. Innerhalb einer Leinenlänge ist dein Hund gut ansprechbar, er ist gerne an deiner Seite und bleibt auch so lange im Gespräch, bis ausschließlich du das gemeinsame Gespräch beendest. Ihr könnt gemeinsam zur Ruhe kommen und dein Hund kann nun auch entspannt warten, während du andere Dinge erledigst. Nun kannst du einen Schritt weitergehen und den Gesprächsrahmen für deinen Hund ein wenig erweitern. Jetzt geht es an das große Jägerlatinum.

Welche Vokabeln sollte das große Jägerlatinum beinhalten?

1. Dir sollte klar sein, in wie weit du deinen Hund noch ansprechen kannst und in wie weit er noch weiterhin gerne nach dir schaut, um im Gespräch zu bleiben. Schau doch einmal von oben auf dich und deinen Hund herab. Wie groß ist der „Radius"?
2. Sitzen bleiben und warten oder herangerufen werden
3. Aus welcher Distanz kannst du deinen Hund noch heranrufen?
4. Aufgaben erledigen innerhalb deines Sichtbereichs
5. Dein Hund versteht deine Gesten, wenn du ihn zum Dummy schickst.
6. Steadiness, während du eine Aufgabe stellst (Hast du schon mal ein Dummy ausgelegt und es selbst geholt? Was passiert in diesem Moment mit dir?)
7. Stoppen in der Bewegung (beim Herankommen; beim Nebeneinander-Hergehen oder auch beim Weglaufen)

1

MEET AND GREET – EIN GESPRÄCH UNTER FREUNDEN

Du kannst deinen Hund stoppen und zuverlässig zu dir zurückrufen? Prima! Jetzt steht einem Meet and Greet mit seinen Hundekumpeln eigentlich nichts mehr im Wege.

WORKING WAIDMANN – DAS FACHLICHE GESPRÄCH

Solltest du einen Hund haben, der jagdlich eingesetzt werden soll, musst du dich unbedingt darauf verlassen können, dass dein Hund auch dann noch seine Aufgabe erfüllt und im Ferngespräch bleibt,(sprich er weiß, was sein Job ist), wenn du ihn nicht sehen kannst und keinen Einfluss mehr auf ihn hast.

Dies bedarf vieler Vorbereitungen, Trainings und Überprüfungen der bereits besprochenen Vokabeln. Für einen Familienhund macht die Arbeit außerhalb deines Sichtbereiches keinen Sinn. Schau bitte, dass dein Hund immer in deinem Einwirkungskreis bleibt.

GENERELL GILT FÜR DAS JÄGERLATINUM

Wenn die Vokabeln nicht richtig gelernt wurden, ist es egal, ob dein Hund nah bei dir ist oder irgendwo wild herumflitzt! Du sprichst deinen Hund an und er reagiert einfach nicht auf dich. Das kann dir sogar passieren, wenn er direkt neben dir steht und am Horizont etwas beobachtet oder wenn er mit anderen Hunden auf der Wiese herumtollt und ganz im Spiel versunken ist.

2

Mit dem Jägerlatinum ist es so wie mit unseren Vokabeln in der Schule. Wiederholungen und der Gebrauch im Alltäglichen helfen uns, die Sprache zu verinnerlichen und irgendwann brauchen wir nicht mehr über jedes einzelne Wort nachzudenken, sondern benutzen die Sprache völlig automatisch.

Für alle Gespräche gilt eins: Lasse deinen Hund niemals aus den Augen! Dein Hund ist nicht vernunftgesteuert. Er kann durch Umweltreize ausgelöst werden, in denen er gar nicht anders kann, als zu reagieren. Und genau dann solltest du eingreifen können und für ihn präsent sein.

1 Wenn der Rückruf klappt, steht dem freien Toben nichts mehr im Wege.

2 Jederzeit zurückkommen ist die Voraussetzung für ein freies Spiel.

„Hund in Ruh"

Ruhe und Gelassenheit bei deinem Hund, aber auch bei dir sind wichtig für euer gemeinsames Training und auf euren Spaziergängen durch Feld, Wald und Flur.

Auf euren gemeinsamen Spaziergängen wird dein Hund mit unzählig vielen Umweltreizen konfrontiert. Nicht selten erliegt er dem Ruf des Waldes. Die Nase auf dem Boden, auf der frischen Spur eines Rehs, das hier eben schnell über den Weg gehüpft ist. Stückchen für Stückchen wird sich auf der Spur vorwärts gearbeitet. Doch auf einmal ertönt neben der Spur ein leises Fiepen aus einem kleinen Erdloch. Dein Hund hält inne, richtet seine Ohren aus und arbeitet sich an das Mauseloch heran. Doch auf dem Weg dorthin springt ein Rotkehlchen durch das Gestrüpp auf der Suche nach Nahrung. Verdammt, dein Hund lässt die Maus Maus sein und pirscht sich an das Rotkehlchen heran.

Dein Hund wird zum Spielball seiner angesprochenen Sinne. Gesteuert durch das, was um ihn herum passiert. Er kann gar nicht anders, als auf diese Reize zu reagieren. Sein Fokus liegt im Außen und du als Hundehalter, am Ende der Leine, oder auch im Wald alleine stehengelassen, hast kaum eine Chance, in den Kopf deines Hundes zu kommen.

SICH ZURÜCKNEHMEN

Doch dein Hund kann lernen, die Anwesenheit all dieser auslösenden Reize zu ertragen, ohne sofort darauf reagieren zu müssen. Er kann lernen, sich zurückzunehmen und die Umwelt entspannt zu betrachten. Egal, was gerade um ihn herum passiert. Er kann die Nase in die Luft nehmen, mit den Ohren einem Geräusch folgen oder etwas Interessantes betrachten, solange er bei dir in einem vorgegebenen Rahmen steht, sitzt oder liegt. Wie kannst du deinen Hund dazu bringen, entspannt bei dir zu bleiben, ohne sofort bei der kleinsten Ablenkung in die Vollen zu springen und sich selbst in den Reizen zu verlieren? Lass uns ein klares Gerüst für die gemeinsame Ruhe schaffen, an dem sich dein Hund orientieren kann und ihr beide lernt, klare Absprachen darüber zu treffen, was gerade erwartet wird, welches Verhalten gewünscht und welches unerwünscht ist. Ein klarer Rahmen gibt Sicherheit auf beiden Seiten der Leine, Berechenbarkeit der jeweiligen Situation für deinen Hund und Handlungssicherheit für dich!

VON DER JÄGERIN ABGESCHAUT

Kurz bevor die Sonne am Horizont verschwindet und die Enten pfeilschnell in ihr Schlafgewässer einfallen, ist es Zeit für den Entenstrich. Versteckt im Schilf warte ich mit meiner Jagdhündin regungslos auf die An-kunft der Enten. Ein Geräusch oder eine Bewegung von uns würde genügen, um die einfallenden Enten weiterziehen zu lassen. Natürlich ist sie angespannt. Sie weiß ja, was sie erwartet. Aber dennoch haben wir eine Absprache getroffen, damit sie ruhig bleibt. Für solche Situationen haben wir einen

Fuß auf der Leine bedeutet Pause auf dem gemeinsamen Spaziergang.

———

1

2

AUFBAU „HUND IN RUH'"

Ziel Bei dieser Übung lernt dein Hund, wenn du eine Pause machst, macht er auch Pause und kann sich entspannen. Egal was gerade um ihn herum passiert.

„Hund in Ruh'" im Trainingsaufbau
Egal, ob du dich in der freien Natur bewegst, auf einer Parkbank sitzt und ein Buch liest, eine Gruppenstunde oder einen Workshop besuchst, nutze die „Hund in Ruh'"-Vokabel für dich und deinen Hund. Wird diese Vokabel von Hund und Mensch erst einmal beherrscht, so ist diese so nützliche Übung nicht mehr aus deinem Alltag wegzudenken und wird von deinem Hund bald mit Leichtigkeit gemeistert.

Wie arbeitest du mit deinem Hund? Du stehst bei der „Hund in Ruh'"-Übung mit einem Bein auf der Leine. Dein Hund wird zur Ruhe gebracht, indem sein Freiraum bis auf ca. einen halben Meter begrenzt wird, sodass er locker stehen, sitzen oder liegen kann. Nun kann dein Hund in einem klaren von dir vorgegebenen Radius alle Reize, die auftreten, verarbeiten lernen, ohne ihnen direkt erliegen zu müssen. Am Anfang wird er sicherlich erst einmal austesten, welche Möglichkeiten er in dem von dir vorgegebenen Radius überhaupt hat. Hierbei ignorierst du jegliches Verhalten deines Hundes, wie z. B. Bellen, Winseln, Graben oder Anspringen. Stehe ruhig und gelassen neben deinem Hund. Deine Ruhe wird sich auf deinen Hund übertragen und er wird sich selbst in der Situation zurücknehmen.

1 Die Leine fällt locker zu Boden.

2 Der Fuß steht auf der Leine und bedeutet: „Jetzt ist Pause."

Deal. Ich lasse die Leine zu Boden sinken und stelle meinen Fuß darauf. Sie kann gerne stehen, sitzen oder liegen, je nachdem wie sie die Reizlage am besten aushalten kann. Dabei gebe ich ihr ihren Aktionsradius, den sie nutzen kann, durch die Leinenlänge vor. Oftmals entspannt sie sich und setzt sich hin. Dauert es mal wieder länger, ist ihr das Sitzen zu mühselig und sie kringelt sich ein. Das Ritual kennt sie. Sie weiß, dass wir gerade nichts anderes machen, als zu gucken und zu warten. Ich weiß, dass ich dabei nicht auf sie achten brauche und kann mich hundertprozentig auf das konzentrieren, was da kommt.

Komme raus aus der Diskussion über Sitz, Platz, Steh! Oft erwarten wir von unseren Hunden in einer bestimmten Situation ein Sitz oder ein Platz. In manchen Situationen, gerade am Anfang, wenn wir an der Ruhe arbeiten, fällt es unseren Hunden schwer, ein zuverlässiges Sitz oder Platz zu zeigen. Tritt ein auslösender Reiz auf, ist dein Hund schnell auf den Läufen und das Sitz vergessen. Somit geraten wir oft in eine Diskussionsschleife über ein Sitz und verlieren den eigentlichen Trainingsgedanken aus den Augen: Die Anwesenheit eines Reizes ertragen und entspannt bei dir zu bleiben.

„Hund in Ruh'" im Alltag - auch wenn die Verlockung noch so groß ist! Passe die Lernumgebung deinem Hund und seinem Trainingsstand an. Trainiere fair, lasse ihn nie absichtlich in einen Fehler laufen!

ZUSAMMENGEFASST

Dein Fuß steht auf der Leine, sodass dein Hund stehen, sitzen oder liegen kann. Somit stellst du deinem Hund einen bestimmten Freiraum zur Verfügung, in dem er stehen, sitzen oder liegen kann.

Ignoriere die Unruhe deines Hundes, entspanne selbst. Deine Ruhe wird sich auf deinen Hund übertragen. Jetzt kann er lernen, Außenreize zu verarbeiten, ohne dabei in Aktion treten zu müssen.

IM ALLTAG

— beim Aussteigen aus dem Auto
— in Situationen, in denen dein Hund einen Reiz entspannt verarbeiten soll
— im Cafe an deiner Seite
— in der Gruppenstunde, bei Hundebegegnungen
— auf der Bank im Park
— beim Plausch mit dem Nachbarn

ÜBERSICHT „HUND IN RUH"

WAS?	Was genau soll der Hund tun?	Zur Ruhe kommen und die Umwelt wahrnehmen, ohne den Umweltreizen zu erliegen. Dabei kann er den von dir gewährten Raum (Länge der Leine vom Halsband bis zum Fuß) nutzen.
WANN ?	Wann soll der Hund es tun?	Sofort, nachdem er deinen Fuß auf der Leine wahrnimmt.
WARUM ?	Was soll der Auslöser für das Verhalten sein?	Immer wenn du die am Halsband befestigte Leine auf dem Boden fallen lässt und deinen Fuß darauf stellst.
WO?	Wo soll er die Handlung ausführen?	Bei dir, an dem von dir definierten Ort, an dem du den Fuß auf die Leine stellst.
WOHIN?	Muss er sich bei diesem Trainingsziel bewegen? Wohin soll er sich bewegen?	Dein Hund bleibt in dem Leinenradius, den du ihm zur Verfügung stellst, egal ob er dabei steht, sitzt oder liegt.

Warten am Rucksack

Sinn der Übung ist es, dass dein Hund auch ohne dich zur Ruhe kommt. Er soll in aller Ruhe warten, bis du wiederkommst und ihn genau dort abholst, auch wenn die Verlockung noch so groß ist.

BEI DER JÄGERIN ABGESCHAUT

Du kennst bestimmt das Bild eines Jagdhundes, der brav am Rucksack seines Jägers unter dem Hochsitz liegt. Egal was dort gerade auf die Lichtung tritt, der Hund bleibt ruhig liegen, obwohl ihm nichts entgeht. Das leise Knacken im Unterholz bleibt ihm nicht verborgen, die Bewegung, die er aus den Augenwinkeln wahrnimmt oder, wenn der Wind günstig steht, den Geruch eines Fuchses, der vorbeizieht. Der Reiz ist groß, manch einer würde gerne mal schauen gehen, was da los ist. Aber das hieße „Hahn in Ruh'- Jagd vorbei" für den Jäger. Der Jagdhund lernt von Welpenbeinen an, die Anwesenheit all dieser Reize nach und nach zu ertragen. Er nimmt sie wahr, er riecht das Reh, er sieht den Fuchs und hört die Wildschweine im Unterholz. Um jetzt nicht in die Vollen zu springen und einschätzen zu können, was gerade von ihm erwartet wird, helfen dem Hund klare Regeln. Immer, wenn er seine Halsung um hat, die Leine daran befestigt ist und der Rucksack neben ihm liegt, bedeutet dies zu warten, bis man wieder abgeholt wird.

WICHTIG

Rufe deinen Hund niemals aus diesem Raum heraus. Hole ihn immer dort ab. Ansonsten kann es sein, dass dein Hund nicht zur Ruhe findet. Es könnte ja sein, dass du ihn rufst und er dadurch immer auf Empfang ist und nicht in die Entspannung kommt.

ANWENDUNG IM ALLTAG

Wie kannst du dieses „Warten am Rucksack" im Alltag für euch nutzen? Auch bei dir gibt es sicher Situationen, in denen du deinen Hund ablegen musst. Dort soll er ruhig und gelassen an einem von dir bestimmten Platz warten, bis du ihn wieder abholst. Dabei sollte er gelassen mit jeglichen Außenreizen umgehen.

1 Anstelle des Fußes wird der Rucksack
auf die Leine gelegt.

2 Eine deutliche Handgeste signalisiert Loisl,
dass er nicht nachkommen soll.

3 Dem folgt eine Geste für das Bleiben
aus einiger Entfernung.

AUFBAU DER ÜBUNG

Du hast deinen Hund an der Leine
und deinen Rucksack dabei. Die
Leine lässt du nun wie bei der „Hund
in Ruh"-Übung auf den Boden fallen
und stellst den Fuß darauf. Das kennt
dein Hund bereits.

Anschließend legst du deinen Rucksack, die Decke oder deine Jacke an
der Stelle auf die Leine, an der sich
dein Fuß befindet. Du tauschst
sozusagen deinen Fuß gegen deinen
Rucksack aus.

Dein Gegenstand markiert nun den
Ort, an dem dein Hund bleiben darf,
auch wenn du dich entfernst. Es geht
hier nicht darum, dass dein Hund
im Platz neben dem Rucksack liegen
bleibt. Sieh es eher als einen klar
definierten Raum um den Rucksack
herum, in dem er sich aufhalten darf
und dir nicht hinterherläuft, wenn
du dich von ihm entfernst. Er soll sich
hier wohlfühlen. Deine Stimmung
ist immer entspannt, wenn er sich in
diesem Raum aufhält.

Mit einer klaren „Komm mir nicht
nach"-Geste signalisierst du ihm,
dass er in diesem Raum bleiben soll.
Alles außerhalb dieses Raumes ist
verbotenes Terrain. Sollte dein Hund
das verbotene Terrain betreten, bringst
du ihn nun mit der Leine und mit
grummeliger Stimmung wieder zurück
zum Rucksack. Am Rucksack angekommen, ändert sich deine Stimmung
augenblicklich. Du bist wieder entspannt.

1 ____

2 ____

2 ____

Ella bleibt brav am Rucksack liegen, während Frauchen auf dem Hochsitz Ausschau hält.

Dein Hund wird nun die Möglichkeit haben zu wählen, ob er im erlaubten Raum bleibt oder das verbotene Terrain betritt. Er wird merken, welchen Einfluss er auf deine Stimmung hat und sich dazu entscheiden, im erlaubten Bereich zu bleiben.

WARTEN AM GEGENSTAND

Generalisiere nun in den nächsten Schritten die Bedeutung der Leine in Kombination mit deinem Rucksack. Ändere dazu immer wieder die Umgebung und mit der Zeit auch die Umweltreize. Deine Signale bleiben allerdings immer gleich. Die Leine ist am Halsband befestigt, der Rucksack liegt auf der Leine und du entfernst dich mit einer klaren „Komm mir nicht nach"-Geste. So lernt dein Hund schnell: „Aha, immer wenn die Leine auf dem Boden liegt, der Rucksack darauf steht und ich die ‚Komm mir nicht nach'-Geste sehe, hat das etwas mit ‚Warte-an-diesem-Platz' zu tun."

Verändere diese Signale nie! In der Praxis kommt es öfter vor, dass in der nächsten Stunde stolz berichtet wird, dass der Hund das Warten an einem bestimmten Ort auch schon ohne Leine oder ohne Rucksack kann. Damit nimmst du ihm allerdings das Gerüst, das du dir erarbeitet hast, an dem er sich orientieren kann.

Passe die Lernumgebung deinem Hund und seinem Trainingsstand an. Trainiere fair, lasse ihn nie absichtlich in einen Fehler laufen!

EIN TIPP AUS DER PRAXIS

Wenn ich mit meinen Hunden im Revier unterwegs bin, habe ich meistens meinen Rucksack dabei und für die beiden ist es ganz klar, mit an der Halsung befestigter Leine am Rucksack zu warten.

Natürlich sind wir nicht immer in Gummistiefeln, Jagdklamotten und Rucksack unterwegs. Deshalb hat es Sinn gemacht, meine Hunde auch an andere Gegenstände von mir zu gewöhnen und diese mit dem Warten zu verbinden. Das kann beispielsweise die Hundedecke sein, eine Jacke, eine Mütze, ein Halstuch oder ein Handschuh. Hauptsache, es riecht nach mir. So ist man flexibel und es ist auch alltagstauglicher.

ZUSAMMENGEFASST

— **Der Rahmen, der hier gesteckt wird, ist fix und unveränderbar.**
— Dein Hund hat seine Halsung mit der daran befestigten Leine an.
— Ein persönlicher Gegenstand von dir liegt auf der Leine.
— Dein Gegenstand markiert für ihn den Ort, an dem er bleiben darf.
— Dein Hund darf dort, ganz wie er es mag, stehen, sitzen oder liegen.
— Dein Hund wird IMMER am Gegenstand abgeholt und NIEMALS von dort aus abgerufen.

IM ALLTAG

— wenn andere Hunde in der Gruppenstunde arbeiten
— auf dem Spaziergang
— zu Hause, wenn Besuch da ist
— beim Kochen
— im Café
— bei der Gartenarbeit
— unter dem Hochsitz

ÜBERBLICK „WARTEN AM RUCKSACK"

WAS?	Was genau soll der Hund tun?	So lange an einem von dir definierten Ort warten, bis du ihn dort wieder abholst.
WANN ?	Wann soll der Hund es tun?	Sofort, nachdem er die Signale für das Warten erhalten hat.
WARUM ?	Was soll der Auslöser für das Verhalten sein?	Immer wenn du die am Halsband befestigte Leine auf den Boden fallen lässt und den Rucksack darauf legst und deinem Hund eine deutliche „Komm mir nicht nach"-Geste zeigst.
WO?	Wo soll er die Handlung ausführen?	An dem von dir angedachten Ort, an dem die Leine auf dem Boden liegt und dein Rucksack steht.
WOHIN?	Muss er sich bei diesem Trainingsziel bewegen? Wohin soll er sich bewegen?	Dein Hund bleibt an dem von dir angedachten Ort, egal ob er dabei steht, sitzt oder liegt.

Loisl

Bajuwarisches Temperament mit Charme

Loisl ist ein Bayrischer Gebirgs-schweißhund. Seine Aufgabe ist es, im späteren Jagdeinsatz absolut fährtensicher und fähr-tentreu auf der Wundfährte zu arbeiten. Er wuchs mit einer netten und geduldigen Deer-houndhündin auf, war viel in seinem zukünftigen Revier unter-wegs und lernte schon von Anfang an das kleine Jäger Ein-maleins. Das Temperament des jungen Loisl in ein ruhiges Fahrgewässer zu bringen und ihn davon zu überzeugen, dass es durchaus Sinn macht, sich an klare Strukturen zu halten, brauchte etwas Zeit. Mit seiner

unverwechselbaren Art, seinem Charme und seinem Geläut hatte er uns alle ziemlich schnell um den Finger gewickelt. Das bleibt so einem Jungspund natürlich nicht lange verborgen und er wusste genau um seinen Charme.

Struktur im Training

Um ihm möglichst schnell eine Struktur im Training zu bieten, ist er sofort in die Fortgeschrittenen-gruppe gerutscht. Erfahrene Hunde, die bereits die Rahmen-bedingungen im Training kannten und an denen er sich orientieren konnte, waren der erste richtige Schritt, um in das gemeinsame Training einzusteigen.
Er bekam von den älteren und schon im Training weiter fort-geschrittenen Hunden keinerlei Antwort auf seine kreativen Ideen, jetzt eine Runde durch den Wald tollen zu wollen, mal über das Dummy zu sprechen oder einfach nur „Hallo" zu sagen. Die Hunde wie auch die Halter blieben gelassen und schickten den jungen Bayern fort. Es lohnte sich also nicht mehr, den Schuhplattler auf das Waldboden-parkett zu legen.

„Hund in Ruh"...

...Fuß auf die Leine und die anderen einfach machen lassen. Gar nicht so einfach. Der Herr wollte natürlich auch an die Reihe kommen, und wofür soweit an-reisen, um dann nur zu gucken, machte für ihn keinen Sinn. Nach und nach konnte er sich entspan-nen. Er lernte, die Umweltreize gelassen wahrzunehmen und nicht auf jedes bisschen sofort zu reagieren. Somit wurde er an-sprechbarer und hat auch gerne freiwillig das Gespräch gesucht. Im nächsten Schritt haben wir das Bleiben am Rucksack etabliert. Ohne den direkten Einfluss der Halterin, mit der Hilfe des klaren Rahmens und deutlichen Körper-gesten konnte er schnell den anderen arbeitenden Hunden gelassen zuschauen.
Heute wartet er ruhig an seinem Rucksack, schaut den anderen bei ihrer Arbeit zu, kann sich zu-rücknehmen, ist selbst konzen-triert in seiner Arbeit und lässt sich nicht aus der Ruhe bringen. Nur sein bajuwarisches Geläut zur Begrüßung ist geblieben. Das möchte aber auch keiner von uns missen.

Ändere den Fokus deines Hundes

Stell dir vor, du rufst bei deinem besten Freund an und er geht nicht ran! Wahrscheinlich wirst du es noch ein paar mal versuchen und dann irgendwann aufgeben, wenn er nicht ans Telefon geht ...

So in etwa geht es wahrscheinlich auch unseren Hunden. Sie schauen uns an, es gibt kein Feedback! Kein Anschluss unter dieser Nummer! Aber was würde passieren, wenn du den Hörer abnimmst und ein nettes Gespräch beginnst? Ein guter Zuhörer wirst? Wahrscheinlich wirst du dann öfter angerufen, es ist ja nett, mit dir zu plaudern ... Verändere also den Fokus deines Hundes, indem du seine Blicke häufiger belohnst!

JULE, DEIN TELEFON KLINGELT ...

Kennst du dieses Gefühl, ständig ums Telefon herumzutingeln, weil du auf einen wichtigen Anruf wartest? So ganz bist du nicht bei der Sache, die du sonst noch zu erledigen hast, denn mit einem Ohr bist du immer am Telefon ...

Was wäre, wenn dein Hund auf einen wichtigen Anruf von dir warten würde? Mit einem Ohr bei dir, auf das Klingeln wartend? Denn immer, wenn du anrufst, erwartet ihn ein fesselndes Gespräch! Jules Nummer ist ein Schnalzen mit der Zunge. Rufe ich sie an, wendet sie sich sofort zu mir. Sie kann gar nicht anders! Sie ist neugierig und will wissen, was ich zu erzählen habe!

ERKLÄRE DEINEM HUND SEINE TELEFONNUMMER ...

Wie wird dies aufgebaut? Bei uns ist Jules Telefonnummer ein Schnalzen mit der Zunge. Es kann aber auch jedes andere Geräusch sein. Hauptsache, dieses Geräusch ist neutral. D. h. es ist weder positiv noch negativ von der Tonlage und übermittelt nicht deine innere Stimmungslage.

Was sollte dein Hund tun, wenn er das Geräusch wahrnimmt? Dein Hund sollte sich in dem Moment, in dem „sein Telefon klingelt", sofort zu dir umdrehen und den Blickkontakt mit dir aufnehmen.

Achtung! Dieses Geräusch ist kein Signal für den Rückruf!!!
Ihr nehmt lediglich Kontakt auf, um ein Gespräch zu starten ... Vielleicht unterhaltet ihr euch ja mal über ein „Sitz", ein „Komm mal her" oder eine richtungsweisende Geste zum Apportieren, nachdem du mit der Zunge geschnalzt hast.

August ist körperlich ganz nah dran, aber mit seinen Gedanken in weiter Ferne.

DER EINSTIEG

Wie steigst du nun am besten in das Training ein? Für die ersten Schritte nutzt du ganz bewusst eure üblichen Fütterungszeiten bei dir zu Hause in der gewohnten Fütterungsumgebung. Bei uns ist das die Küche. Die meisten Hunde haben hier bereits eine gewisse Erwartungshaltung, eine innere Uhr für: „... gleich müsste es eigentlich Futter geben."
Teile die normale Futterration der anstehenden Mahlzeit in mehrere Teile auf. Wir machen das mit 5 – 10 Portionen pro Mahlzeit. Den ersten Teil gibst du in die Futterschüssel.

Blicke werden draußen
eingefangen und
mit Futter belohnt.

Dein Hund sollte währenddessen schon bei dir sein, in freudiger Erwartung auf sein Futter. Nun nimmst du den Napf und stellst ihn begleitet von einem Schnalzen auf den Boden und lässt deinen Hund die kleine Portion fressen. Hat er die Schüssel leer gefressen, nimmst du diese wieder kommentarlos hoch und füllst sie mit der nächsten kleinen Portion. Diese stellst du deinem Hund, wieder begleitet von einem Schnalzen, zum Fressen hin. Das wiederholst du nun so oft, bis alle Portionen aufgefressen sind. Nun beendest du die Mahlzeit mit einer deutlichen Geste … Fertig!

PICKNICK IM WALD

Eine weitere Möglichkeit ist es, das Ganze auch draußen in eurem Revier zu machen und in das tägliche Training auf dem Spaziergang einzubauen. Auch hier teilst du dir die Mahlzeit in 5 – 10 Portionen ein und suchst dir draußen mehrere Stellen aus, an denen du recht ablenkungsfrei arbeiten kannst. Es muss auf jeden Fall gewährleistet sein, dass sich dein Hund auf dich konzentrieren kann.

Wenn du nun deinen Rucksack mit der ersten Ration auspackst, wird dein Hund wahrscheinlich schon interessiert nach dir schauen. Hier machst du es so ähnlich wie zu Hause. Entweder hast du euren Futternapf dabei oder du nimmst immer ein Stück Futter in die Hand und gibst dieses deinem Hund zu fressen, begleitet von einem Schnalzen. Das machst du so lange, bis die Portion aufgegessen ist. Beende das Picknick mit einer deutlichen Geste. Nach und nach wird dein Hund den Zusammenhang zwischen Schnalzen und Futter herstellen.

Fördere nun die Umorientierung auf das Schnalzen zu dir. Wenn dein Hund in deiner Nähe ist, schnalze mit der Zunge. Sollte er sich dir zuwenden, gibt es natürlich sofort ein Stückchen Futter. **Du wirst sehen, dass dein Hund sehr schnell ans Telefon geht, wenn es klingelt!!!**

DEINE NUMMER

Die Blicke deines Hundes sind quasi deine Telefonnummer! Der Einstieg in ein Gespräch mit dir ... Wie förderst du den Blickkontakt deines Hundes? Nutze auch hier ganz bewusst die normalen Fütterungszeiten deines Hundes bei dir zu Hause in der normalen Fütterungsumgebung für die ersten Schritte. Die meisten Hunde haben hier bereits eine gewisse Erwartungshaltung, eine innere Uhr:

Der erste Schritt Teile die normale Futterration der anstehenden Mahlzeit wieder in mehrere Teile auf. Wir machen das mit 5 – 10 Portionen pro Mahlzeit. Den ersten Teil gibst du in die Futterschüssel. Du nimmst die gefüllte Schüssel in die Hand und wartest, bis dein Hund dich anschaut. Genau in dem Moment, in dem er schaut, stellst du die Schüssel vor deinen Hund auf den Boden. **Was passiert in dem Moment?** Dein Hund stellt nach und nach einen Zusammenhang zwischen seinem Blick und der Futterschüssel her.

Der zweite Schritt Dein Hund frisst seine Schüssel leer und wird wahrscheinlich verwundert darüber sein, dass die Portion heute etwas klein

1 August sieht sein Frauchen erwartungsvoll an.

2 Und wie automatisch geht ihre Hand in den Futterbeutel.

1

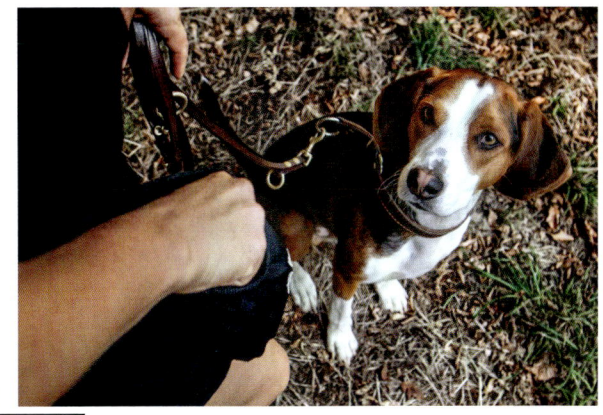

2

ausgefallen ist. Wahrscheinlich wird er dich verwundert anschauen. Genau in diesem Moment nimmst du die Schüssel wieder hoch und nimmst die zweite Portion der Futterration und füllst sie in den Napf. Diesen stellst du wieder vor deinen Hund auf den Boden.

Der dritte Schritt Nun wartest du wieder, bis dein Hund aufgefressen hat und zu dir hoch schaut. Vielleicht setzt er jetzt schon ganz bewusst seinen Blick ein, um dich dazu zu bewegen, den Napf erneut zu füllen. Natürlich erfüllst du seine Erwartung und gehst wie im zweiten Schritt vor … Seiner Idee, die er jetzt hat, dich mit

seinem Blick dazu zu bewegen, den Napf wieder zu füllen, folgst du natürlich immer weiter, bis du alle Rationen aufgebraucht hast.

Fertig Damit dein Hund jetzt nicht im luftleeren Raum stehen gelassen wird, gibt es eine „Freigabegeste"… die sieht bei mir wie folgt aus: Ich ziehe die Schultern leicht hoch, breite die Arme leicht aus, Handflächen nach vorne und sage: „Und ab dafür." Wiederhole das über mehrere Tage hinweg, damit dein Hund die Verknüpfung zwischen Blick-Napf und Aufmerksamkeitsgeräusch-Napf herstellt.

August nimmt im Freilauf Kontakt zu seiner Halterin auf.

BLICKE EINFANGEN AUF DEM SPAZIERGANG

Einen Teil der täglichen Futterration habe ich immer dabei. Wenn mir mein Hund seinen Blick schenkt, wird das von mir mit einem Stück Futter belohnt. Es wäre toll, wenn der Hund das Gefühl hat: „Hey, immer wenn ich schaue, geht die Hand in den Futterbeutel." Versuche es zu vermeiden, die Hand immer im Futterbeutel zu haben, das wäre ein Locken deines Hundes und das Gefühl: „Ich kann meinen Menschen zu einer Aktion bewegen", würde nicht aufkommen. Hier nutze ich auch schon das Schnalzgeräusch. Guckt mein Hund mich draußen an, bekommt er das Stückchen Futter begleitet von einem Schnalzen.

Natürlich sollst du dir keinen kleinen Stalker heranziehen, der dich immer anschaut. Deshalb variiere nach der Anfangszeit:

1. Beantworte den Blick deines Hundes mit einem „Priiiima gemacht" und lasse ihn wieder weiterlaufen.
2. Wie wäre es mit einem Sitz?
3. Ein kurzes Bleiben einbauen
4. Ein kurzes Bleiben einbauen und Heranrufen

...bleib im Gespräch!

Wie sind die schönsten Telefongespräche mit deinem besten Freund? Bei mir sind es definitiv die, in denen wir den Alltag teilen, manche Dinge nicht so ernst nehmen, viel lachen, aber auch mal in die Tiefe gehen. Es gibt ein Auf und Ab ... einen wahren Spannungsbogen. Gespräche sind wechselseitig, höre gut zu. Reflektiere dein Gegenüber und gib ein gutes Feedback! Egal wer von euch beiden angerufen hat, bleibt in einem spannenden Gespräch verstrickt.

ÜBERBLICK UMORIENTIERUNG

WAS?	Was genau soll der Hund tun?	Mich anschauen
WANN ?	Wann soll der Hund es tun?	Sofort, nachdem er das Schnalzen vernommen hat
WARUM ?	Was soll der Auslöser für das Verhalten sein?	Das Schnalzen mit der Zunge
WO?	Wo soll er die Handlung ausführen?	Egal, wo er sich im näheren Umkreis befindet
WOHIN?	Muss er sich bei diesem Trainingsziel bewegen? Wohin soll er sich bewegen?	Dein Hund bleibt da, wo er das Geräusch vernommen hat. Das Schnalzen ist kein Rückrufsignal!

August

Ein Spagat zwischen liebevollem Familienhund und eigenständigem Jagdhund

August ist eine Deutsche Bracke. Ein passionierter Jagdhund mit sehr feiner Nase, einem enormen Spurwillen und Durchhaltevermögen auf der Spur. Sein Job ist es, Wild aufzustöbern und auf der Spur zu verfolgen. Zu Hause ist er ein toller Familienhund, liebevoll umsorgt, ein Herz und eine Seele mit Lino, ebenso ein Wegbegleiter bei allen Abenteuern. Er ist immer dabei und muss deshalb nicht nur das Jäger-Einmaleins lernen, sondern auch den Knigge fürs Familienleben.

Ruhe und Ansprechbarkeit

Da er brackentypisch die Gedanken eher im Außen hat, haben wir mit der Ruhe und der Ansprechbarkeit angefangen. Ziel war es, seine freiwillige Gesprächsaufnahme mehr zu fördern und sich nicht in den Außenreizen zu verlieren.

Um die Ansprechbarkeit zu fördern, haben wir seine normalen Mahlzeiten genutzt. Das vorbereitete Futter wurde in mehrere kleine Portionen aufgeteilt. August hat das Glück, dass immer etwas abgekochtes Wild im Haus ist. Diese kleinen Portionen wurden ihm nacheinander, begleitet von einem Zungenschnalzen, gefüttert. So hat er das Geräusch mit seiner täglichen Ration verbunden. Schnalzen heißt also, dass es Futter gibt.

Zeit fürs Picknick auf weiter Flur. Die Fütterung wurde dann teilweise ins Revier verlegt. Auch dort galt: Schnalzen bedeutet Futter. War er ein wenig abgelenkt, hatte sich abgewendet, weil irgendetwas anderes seine Aufmerksamkeit beanspruchte, haben wir den Moment genutzt, um zu überprüfen, ob ein Schnalzen bereits eine Umorientierung bewirkt. So wurde nach und nach mit anderen Reizlagen gearbeitet, bis er sich sicher auf das Schnalzen hin seinem Menschen zuwendete. Ebenso sind wir mit dem freiwilligen Eintreten in ein Gespräch verfahren. Blicke wurden eingefangen und bestätigt. Seine Ruhe haben wir durch die „Hund in Ruh"-Übung gefördert, ebenso wie durch die Ablage am Rucksack.

Nebenbei ist er für die jagdfreie Zeit in die Arbeit mit Dummys eingestiegen. Das half ihm, sich dadurch noch mehr auf seine Hundeführerin zu konzentrieren und an ihr zu orientieren. Ein tolles Familienteam sind sie geworden und ein tolles Jagdgespann.

Die Sache mit der Leine

Hast du es schon einmal beobachtet? Du rufst deinen Hund, er verharrt kurz, schaut dich an und sein Blick schweift danach direkt im Wald umher. Ganz so, als würde er sagen: „Oha, sie ruft, sie hat die Leine bereit, dann muss hier ja irgendetwas Spannendes sein."

Eine Verknüpfung zwischen: „Da ist was Spannendes, ich muss an die Leine und der Spaß ist vorbei. Das ist ja immer so bei uns!" Warum dann zurücklaufen, sich ins Halsband fassen lassen, den Karabiner drangewurschtelt bekommen und an der Leine laufen müssen? Für den ein oder anderen Hund ist der Anblick der Leine schon das „Aufbruch zur Jagd"-Signal.

Die erste Bekanntschaft mit dem Halsband sollte positiv gestaltet werden.

WAS PASSIERT OFT BEIM AN- UND ABHALSEN?

Ziehen, Zerren, Festhalten, Packen und den Karabiner festmachen ... alles keine angenehmen Dinge für deinen Hund und daher meistens ein dicker Grund dafür, nach dem Heranrufen nicht mehr ganz bis zu dir zu kommen, da es sich nicht positiv für deinen Hund gestaltet, von dir an die Leine genommen zu werden. Deine Stimme ist voller Panik oder Ärger, was macht das mit deinem Hund?

WECKE DAS INTERESSE AN DIR

Wäre es nicht toll, wenn dein Hund die Leine und das Halsband als etwas Schönes verknüpft und wenn er dich das Halsband nehmen sieht, von sich aus fragt: „Du, dürfte ich bitte in mein Halsband schlüpfen?"
An die Leine genommen zu werden sollte sich als etwas Positives gestalten. Dabei ist es wichtig, auch die Befind-

lichkeiten deines Hundes in dem Moment, in dem er an die Leine genommen werden soll, wahrzunehmen und darauf einzugehen. Die Leine sollte dafür stehen, dass nun etwas Gemeinsames mit dem Menschen geschieht, eine gemeinsame Aktion, ein spannendes Gespräch.
Zudem sollte die Leine deinem Hund auch Sicherheit vermitteln. Dadurch, dass dein Hund durch die Leine in seinem Freiraum eingeschränkt wird, kann er in bestimmten Situationen nicht ausweichen und sich auch nicht entziehen. Du übernimmst die Verantwortung dafür, dass du deinen Hund vor eventuellen Unannehmlichkeiten, die von außen auftreten können, schützt. Wie gestaltest du das An-die-Leine-genommen-Werden als etwas Positives? Etwas, dass du gerne tust und dass dein Hund gerne tut?

Das Halsband wurde als etwas Schönes verknüpft und wird gerne getragen.

___

DIE AUSRÜSTUNG

Ich verwende hierfür ein Zugstopp-Halsband und eine 2,5 – 3 Meter lange Leine. Ein Zugstopp-Halsband verhindert, dass sich das Halsband komplett zuziehen kann. Es hat zudem noch den Vorteil, dass du beim Anhalsen deines Hundes das Halsband möglichst groß stellen kannst, damit dein Hund problemlos hineinschlüpfen kann.

AN- UND ABHALSEN ALS SCHÖNES RITUAL

Stelle die Zugstopp-Halsung so groß ein, das dein Hund ganz bequem mit seinem Kopf hineinschlüpfen kann. Sitzt dein Hund nun vor dir, hältst du die Halsung mit einer Hand so weit wie möglich auf und schaust, dass sich die Schlinge nicht zuziehen kann.

1 Trockenübung mit Halsband und Leine für die Hundehalter.

2 „Na, Julchen, magst du in das Halsband schlüpfen?"

1

2

Mit der anderen Hand hältst du ein Stück Futter fest und steckst diese Hand durch die Halsung durch. Wenn dein Hund nun am Futter knabbert, ziehst du deine Hand langsam zurück durch die Schlaufe hindurch. Dein Hund wird dem Futter folgen und dadurch gerne in seine Halsung schlüpfen.

Das Abhalsen

Schon das Klicken des Karabiners lässt deinen Hund in die Startposition gehen. Der Körper ist gespannt, die Sinne geschärft, die Umwelt gescannt und es genügt nur ein Wimpernschlag von dir, um ihn wie ein von der Zwille geschleudertes Geschoss loszausen zu lassen. Die Erwartungshaltung deines Hundes ist klar: Leine ab und dem Ruf der großen weiten Welt folgen. Wie kannst du diese Erwartungshaltung deines Hundes nun verändern? Beim Abhalsen gehst du ähnlich vor wie beim Anhalsen. Bevor du deinem Hund die Halsung ausziehst, hältst du ihm ein Stückchen Futter hin. Knabbert er hier daran, streifst du ihm die Halsung wieder ab. Damit ich auch hier nicht den Karabiner-Effekt habe, gibt es nach dem Abhalsen immer noch etwas, was wir zusammen tun. Das kann sein:

— Wir wechseln immer wieder zwischen An- und Abhalsen.
— Es gibt noch ein Stück Futter, oder zwei oder drei. Wer weiß?
— Lasse deinen Hund sitzen und lasse ihn beobachten, wie du eine Aufgabe vorbereitest, ein Dummy auslegst oder ähnliches.
— Lasse ihn sitzen, gehe weiter und rufe ihn heran. Wechsle ab, so bleibt es spannend für ihn.

Rückruf

Rufst du noch oder stoppt er schon? Wenn du deinen Hund aus jeder Situation heraus zuverlässig heranrufen kannst, bedeutet das für dich auf jeden Fall mehr Sicherheit.

Es gibt dir ein gutes Gefühl und du kannst entspannt spazieren gehen. Dadurch ergibt sich logischerweise auch mehr Freiraum, den dein Hund nutzen kann. Je mehr Kontrolle du hast, umso mehr Freiraum kannst du deinem Hund auch zugestehen. Aber warum sollte dein Hund zu dir zurückkommen, wenn du ihn rufst?

Einmal aus der Motivation heraus, da er weiß, das es sich lohnt, zu dir zurückzukommen, weil es zum Beispiel ein Stück Futter gibt, ihr gemeinsam eine spannende Aktion startet oder dein Hund dich in eine freudige Stimmung versetzt.

Auf der anderen Seite muss er sich aber auch bewusst sein, dass ein Nichtbefolgen deines Rückrufs eine negative Konsequenz für ihn bedeutet. Ansonsten bekommt er sehr schnell heraus, dass er es in der Hand hat, ob er sich dir entziehen kann oder zur dir zurückkommt. Sei bei deinem Rückruf verbindlich: „Ich meine es so, wie ich es sage!"

MIT PFEIFENSIGNALEN
Warum mit der Pfeife arbeiten?
Das Pfeifensignal ist immer gleich und dadurch neutral. Benutzen wir unsere Stimme, so kann unser Hund ganz gut heraushören, in welcher Stimmung wir gerade sind und wie ernst wir das Signal tatsächlich meinen. Zudem ist der Pfiff auf jeden Fall durchdringender als unsere Stimme und ist dadurch weiter hörbar. Nichtsdestotrotz sollte dein Hund sich aber auch ohne Pfeife von dir zurückrufen, stoppen oder lenken lassen!

Der Doppelpfiff wird noch mit einer Geste unterstützt.

Was brauchst du? Eine ACME-Doppeltonpfeife – hiermit kannst du zwei unterschiedliche Töne erzeugen. Mit der einen Seite einen normalen Pfiff, zum Beispiel für den Rückruf, und mit der anderen Seite den Triller (ähnlich der Trillerpfeife im Sport), den ich für ein Abbruchsignal verwende.

Welche Signale werden genutzt? Der Doppelpfiff – Das Rückrufsignal Ein Doppelpfiff bedeutet: Sofort und ohne jeden Umweg, sprich auf direktem Weg zurück zu mir!

Der Trillerpfiff – der Verhaltensabbruch Der wirklich durchdringende Trillerpfiff heißt: Lass das sofort, was du gerade tust, und schau mich an! In der Jagdhundearbeit bedeutet der Triller: Lass das sofort, was du gerade tust, und leg dich sofort hin. Das ist allerdings, wie ich finde, ein wenig Geschmackssache. Nimmt dein Hund Kontakt auf, kann man ihm immer noch das Signal für Platz geben, ihn absitzen lassen oder heranrufen, der Situation entsprechend angepasst.

Rückrufton und Triller in einem. Am besten eignen sich ACME Doppeltonpfeifen.

KÖRPER- UND LAUTSIGNALE

Da die Pfeife auch schon mal zu Hause vergessen werden kann oder dein Hund mit zunehmendem Alter nicht mehr so gut hört, ist es wichtig, hier auch mit Körpersignalen zu arbeiten. Gründe gibt es genug!

AUFBAU DES RÜCKRUF-PFIFFS

Das Ziel Ein Doppelpfiff bedeutet für deinen Hund im Idealfall: Sofort und ohne jeden Umweg, sprich auf direktem Weg zurück zu dir!
Was muss dein Hund dafür leisten? Dein Hund soll in dem Moment, in dem er den Doppelpfiff wahrnimmt, auf dich zugerannt kommen. Dafür sollte er das, was er gerade tut, bleiben lassen und wenn er gerade nicht in deine Richtung unterwegs ist, eine Kehrtwende machen und zu dir geflitzt kommen. Dein Hund sollte immer freudig gestimmt und gerne zu dir zurückkommen, sobald du ihn rufst. Egal ob du dabei ein Körpersignal, dein Aufmerksamkeitssignal, einen freundlichen motivierenden Laut, seinen Namen oder die Pfeife benutzt.

Eine einladende Geste Du hast bestimmt schon einmal beobachtet, wenn sich Menschen freuen, sich wiederzusehen. Ausgebreitete Arme, einen freudigen Gesichtsausdruck und eine leicht nach hinten gebeugte Körperhaltung. Da sagt man doch gerne „Hallo". Steht man allerdings steif da, die Hände in den Hosentaschen vergraben, die Schultern hochgezogen, griesgrämiges Gesicht und ein unfreundliches „Tach" weht einem entgegen, da mag man nicht wirklich vorbeischauen, um einen Plausch zu halten. Dein Hund sieht es nicht anders. Bist du offen und

freundlich, wird er gerne in deiner Nähe sein. Muffelig sein und schlechte Stimmung treibt ihn eher weg, da gibt es dann bestimmt andere nette Dinge zu tun.

Schritt für Schritt: freudiges Herankommen!

Das neutrale Geräusch für die Aufmerksamkeit wurde ja bereits im vorherigen Kapitel beschrieben. Wenn dein Hund zuverlässig auf dieses Signal im Nahbereich reagiert und sich dir zuwendet, vergrößerst du die Distanz zwischen dir und deinem Hund Stückchen für Stückchen.

Wendet er sich dir auf das neutrale Signal zu, gehst du augenblicklich in die Hocke und wedelst seitlich mit den Armen. Dabei kannst du deinen Hund mit freundlicher Stimme zusätzlich motivieren, zu dir zurückzukommen. Somit verbindest du das Aufmerksamkeitssignal mit dem In-die-Hocke-Gehen, den wedelnden Armen und deiner freundlichen Stimmung. Nutze nun die freiwillige Kontaktaufnahme deines Hundes, indem du immer in die Hocke gehst, wenn er dich anschaut. Unterstütze ihn gerne mit einem freundlichen Laut und ausgebreiteten Armen.

Der Rückruf wird noch durch eine freundliche Körpergeste verstärkt.

1

2

Um zu überprüfen, ob die einzelnen Signale von deinem Hund verstanden werden, variiere immer wieder. Hier ein paar Variationsmöglichkeiten:

1. Dein Hund schaut dich an und du gehst in die Hocke (lautloses Heranrufen). Ideal, wenn der Wind einmal schlecht für euch steht, dein Hund dich nicht hören kann und er zurückkommen soll.
2. Ein freudiger, lockender Laut
3. Nur mit den Armen wedeln
4. Schnalzen

Du kannst deinen Hund auch mal absetzen und ihn heranrufen. Hierbei würde ich allerdings variieren. Mal kommst du zu deinem Hund zurück und belohnst ihn fürs Warten, mal rufst du ihn heran. So bleibt er aufmerksam und erwartet nicht sofort einen Rückruf und steht bereits hinter dir, wenn du dich umdrehst und ihn rufen möchtest. Bleib auch mal länger stehen, nimm die Pfeife in die Hand, lass sie wieder los und gehe zum Hund.

Wie reagiert dein Hund auf die Pfeife?

Gewöhne deinen Hund an das Pfeifsignal, indem du dich vor ihn stellst, bewaffnet mit etwas Futter. Blase nun zweimal kurz in die Pfeife, während du deinem Hund ein Stück Futter gibst.
Prima klappt das zur Fütterungszeit. Dein Hund hat bereits eine Erwartung, dass er gleich sein Futter bekommt, hat Hunger und lungert ohnehin schon „ganz zufällig" in der Küche herum.
Manche Hunde reagieren etwas gehemmt auf die Pfeife. Versuche dann am Anfang mit „Fingerspitzengefühl" zu pfeifen. Wiederhole das immer mal wieder über den Tag verteilt – oder noch besser – während seiner Mahlzeiten. Auch kann er beim Pfeifenton ein besonders leckeren Happen von dir bekommen. Sei wie ein Spielautomat und reagiere unerwartet. Das steigert die Vorfreude auf die nächste Gewinnausschüttung.

3

1 Nutze den Moment, wenn dein Hund in deine Richtung schaut.

2 Gehe in die Hocke und breite freundlich die Arme aus, als würdest du einen guten Freund empfangen.

3 Läuft dein Hund freudig auf dich zu, kannst du schon den Rückrufpfiff einbauen.

UMORIENTIERUNG AUF DOPPELPFIFF

Ihr geht an lockerer Leine nebeneinander her. Stelle sicher, dass dein Hund gerade nichts anderes im Sinn hat. Vielleicht schaut er dich ja auch an und hält Kontakt mit dir. Pfeife zwei mal kurz hintereinander (Doppelpiff) und gehe in diesem Moment ein paar Schritte rückwärts. Dein Hund wird sich zu dir umwenden und auf dich zulaufen. Lade ihn zudem mit einer einladenden Handgeste zu dir ein.

Wiederhole dies immer mal wieder auf dem Spaziergang. Achte aber bitte darauf, dass dein Hund im Moment nichts anderes im Kopf hat. So kannst du dir nach und nach die Kehrtwende beim Rückrufpfiff erarbeiten. Vergrößere mit der Zeit die Distanz und die Ablenkung.

Der Doppelpfiff beim zügigen Herankommen

Bringe deinen Hund ins „Sitz", entferne dich mit einer eindeutigen „Wartegeste" einige Meter von ihm weg und warte einen Moment. Jetzt gehst du gleichzeitig in die Hocke, breitest deine Arme aus und pfeifst (Doppelton). Dein Hund kann sich an deiner Geste orientieren, die er ja bereits schon kennt, nur der Doppelpfiff kommt hinzu. Sobald er bei dir angekommen ist, freust du dich natürlich riedig und es gibt Futter.

Weitere Möglichkeiten, um den Doppelpfiff zu etablieren

Wenn dein Hund ohnehin schon auf eurem gemeinsamen Spaziergang auf dem Weg zu dir ist: Doppelpfiff und Belohnung! Hat dein Hund gerade intensiv an einer bestimmten Stelle geschnüffelt und schaut dich an (sofern die Distanz nicht zu groß ist), dann pfeife und belohne deinen Hund, wenn er bei dir ist! ...und und und! Schreibe dir ruhig weitere Möglichkeiten auf, in denen du den Doppelpfiff nutzen kannst.

Der Verhaltensabbruch

Wenn ihr zusammen draußen unterwegs seid, wird dein Hund durch Außenreize ausgelöst. Das heißt, dass er bei einem bestimmten Geräusch, einer bestimmten Bewegung oder einem bestimmten Geruch ein bestimmtes Verhalten zeigt.

Welcher Reiz allerdings wichtig für deinen Hund ist, ist abhängig von seiner genetischen Veranlagung und seinen gemachten Erfahrungen. Es ist keine bewusste Entscheidung, wenn er auf einen Reiz reagiert, sondern er ist wie ferngesteuert, ein Spielball seiner Sinne.

Wir als Hundehalter sind für das gezeigte Verhalten unserer Hunde verantwortlich. Verantwortlich gegenüber der Natur, anderen Menschen und anderen Hunden. Deshalb müssen wir in der Lage sein, sein Verhalten unterbrechen zu können und ihm eine Alternative anzubieten. Ein wesentliches Element hierfür ist das Timing. Im Idealfall reagiert man immer schon dann, wenn der Hund darüber nachdenkt, gleich zu starten. Ist der Startschuss schon gefallen, ist es schwerer, zu ihm durchzudringen. Ein weiteres Element ist die Intensität. Reagiere der Situation angemessen. Manchmal reicht ein leiser Unmutslaut, um den Hund in seinem Verhalten zu unterbrechen. Somit hast du noch Luft nach oben.

Das dritte wesentliche Element ist die Konsequenz. Bleibe dran und schaffe eine generelle Regel für bestimmte Situationen. Da Hunde kontextbezogen lernen, ist es wichtig, bestimmte Rahmenbedingungen in verschiedenen Situationen abzusprechen.

WAS SOLLTE EIN STOPP BEDEUTEN?

Dein Hund sollte aus jeder Situation heraus durch ein von dir gegebenes Signal (Laut- oder Körpersignal) sein augenblicklich gezeigtes Verhalten einstellen und sich dir zuwenden.

Das Ziel In der Jagdhundearbeit bedeutet der Triller: Lass das sofort, was du gerade tust und lege dich augenblicklich hin ... zum Beispiel bei der Feldarbeit, bei der Jagd auf Hasen oder Fasanen. Der Triller bedeutet für deinen Hund im Idealfall: Lass das sofort, was du gerade tust, und schau mich an!

WAS MUSS DEIN HUND DAFÜR LEISTEN?

Dein Hund soll in dem Moment, indem er den Triller wahrnimmt, von dem ablassen, was er gerade tut. Manchmal gar nicht so einfach. Hat er in seinem Tun innegehalten, sollte er dich anschauen und auf ein nächstes Signal oder eine nächste Anweisung von dir warten. Das kann z. B. sein:

1. Komm zu mir
2. Warte einen Moment
3. Leg dich hin
4. Laufe in eine von mir definierte Richtung

AUFBAU DER ÜBUNG

Vorkenntnisse Idealerweise kennt dein Hund bereits eine Geste für das Bleiben, kann kurz an einer von dir definierten Stelle warten und ihr habt bereits erfolgreich an „Bleib an meinem Rucksack" trainiert.

Schritt 1: Etablieren des Trillers

Dein Hund hat schon die Erfahrung gemacht, an einem bestimmten Ort mit Leine und Halsband an einem Gegenstand von dir zu warten. Das nimmst du dir nun zur Hilfe. Dein Hund weiß, wenn er das Halsband mit der Leine trägt und ein Gegenstand neben ihm liegt, dass er warten muss. Zudem kennt er deine Warte-Geste.

Das Ganze in Bewegung... Nehme Leine und Rucksack in die Hand. Deinen Hund führst du auf der gleichen Seite, auf der du auch den Gegenstand hast. Wichtig ist nun, dass dein Hund Kontakt zu dir hält und an deiner Seite läuft. Während des Gehens lässt du plötzlich Leine und den Gegenstand fallen und trillerst währenddessen. Während du den Gegenstand fallen lässt, öffnet sich deine Hand und dein Hund bekommt automatisch die Wartegeste gezeigt. ACHTUNG: Bitte erst einmal trocken üben! Also ohne Hund, damit die Koordination auch stimmt... Nach und nach verbindet dein Hund den Triller mit dem Warten, da er es ja gewohnt ist, am Gegenstand und wenn die Leine am Boden liegt, zu warten!

Schritt 2: Abbauen deiner „Hilfssignale"

So, nun weiß dein Hund das die Kombination aus Neben-dir-Hergehen, die fallende Leine, der Gegenstand der auf dem Boden liegt, deiner Wartegeste und dem Trillerpfiff bedeutet, dass er nun an Ort und Stelle bleiben soll. Jetzt baust du Leine, Gegenstand und Geste nacheinander ab.

1. Lasse den Gegenstand weg und nur die Leine fallen + Geste + Triller
2. Leine und Halsband sind bei dir in der Hand und du lässt sie fallen, ohne dass dein Hund das Halsband an hat + Geste + Triller
3. Nur die Wartegeste und Triller
4. Nur den Triller

Dein Hund müsste jetzt den Triller mit „Bleib an genau der Stelle stehen, wo du gerade bist" verbinden, wenn er neben dir her geht.

Schritt 3: Trillern beim Herankommen und Entfernen

Beim Herankommen Hierzu sollte dein Hund die „Bleib wo du gerade bist"-Geste aus dem Warten am Gegenstand verstanden haben. Diese kannst du nun ebenfalls mit dem Triller verbinden, wenn du beides gleichzeitig nutzt.

Wenn sich der Hund von dir entfernt Hierzu sollte er schon eine ziemlich gute Idee vom Triller haben. Sei mutig: Wenn er sich von dir entfernt, trillere so lange, bis er dich anschaut. Sofort kommt dein Rückrufpfiff.

Eine klare Geste für Jule: Komm mir nicht nach.

Der Trillerpfiff bedeutet für Frieda: Hinlegen und Rübe runter!

Trillerpfiff mit Stoppen und Ins-Platz-Gehen verbinden

Verbindet dein Hund nun den Trillerpfiff mit dem Stoppen, kannst du es mit dem Platz verbinden.

Exkurs Platzgeste Dein Hund sitzt vor dir und schaut dich an. Nun nimmst du dir ein Stückchen Futter zwischen Daumen und Zeigefinger, deine Hand bleibt allerdings geöffnet. Du hebst deinen Arm mit der geöffneten Hand über deinen Kopf und bewegst ihn langsam nach unten, mit dem Stück Futter an der Hundenase vorbei, bis deine Hand auf dem Boden liegt. Dein Hund wird deiner Hand mit der Nase folgen und sich hinlegen. In dem Moment, in dem er liegt, öffnest du die Hand und er bekommt das Futter. Wiederhole das mehrmals über den Tag verteilt. Dein Hund wird die Geste mit dem Hinlegen verbinden.

Hat er nun die Geste mit dem Hinlegen verbunden, nimmst du den Triller zur Hilfe. Nutze nun deine Geste für das Hinlegen und den Triller ganz vorsichtig dabei. Belohne deinen Hund, wenn er sich hingelegt hat. Auch das wiederholst du nun mehrmals am Tag. Hat dein Hund die Verknüpfung zum Hinlegen auf den Trillerpfiff verstanden, veränderst du die Umweltgegebenheiten und den Ablenkungsgrad.

Was muss dein Hund dafür leisten? Dein Hund soll in dem Moment, in dem er den Triller wahrnimmt, seine Richtung in der Suche ändern und sich von dir lenken lassen. Eine einfache Übung hierfür:

1. Bilde wie folgt mit deinem Hund und einem Dummy ein Dreieck (Abstände ca. 15 Meter) ...
2. Setze deinen Hund ab.
3. Lege ein Dummy aus.
4. Stelle dich gegenüber von deinem Hund hin.
5. Schicke deinen Hund mit einer richtungsgebenden Geste zum Dummy.

Wiederhole dies genau so und baue bei der nächsten richtungsgebenden Geste den lang gezogenen Pfiff mit ein.

Erlaubte und nicht erlaubte Flächen

Es hat sich bewährt, wenn dein Hund sich an natürlichen Grenzen orientiert. Er darf zum Beispiel auf dem Weg bleiben, am Wegesrand schnuppern, aber nicht eigenständig ins Unterholz verschwinden.

VON DER JÄGERIN ABGESCHAUT

Starten wir als erstes einen kleinen Gedankenausflug in die Welt der jagdlich arbeitenden Hunde. Wir sind mit ein paar Jägern im Revier unterwegs und haben uns einen kleinen Revierteil vorgenommen, in dem wir ein klar definiertes Gebiet mit den Hunden ausarbeiten wollen. Dichtes Unterholz, kleine Buchen, die gerade zwei Meter hoch sind und dem Wild optimalen Unterschlupf gewähren. Drumherum ein völlig anderer Bewuchs, hohe Bäume, dickes Moos und Farngestrüpp.

Die Hunde werden in die Dickung geschickt, sollen das Wild hoch machen und heraustreiben. Dabei sollen sie möglichst nicht auf die Idee kommen, das herausgetriebene Wild weiterhin zu verfolgen. Die Dickung ist der Arbeitsbereich, um den es geht, das Gebiet außerhalb ist tabu. Die Jagdhunde können sich hierbei wunderbar an diesen natürlich gewachsenen Geländeübergängen orientieren. Wenn Hunde so arbeiten, nennt man dies „bogenrein" arbeiten. Sie akzeptieren natürlich gewachsene Grenzen und damit wäre der Arbeitsbereich definiert.

Auf dem Weg bleiben ist erlaubt, der Seitenstreifen ist tabu.

Wenn die Wildnis am Wegesrand ruft ... Wittern ist erlaubt, den Weg verlassen nicht.

AUF DEN WEG

Das kannst du nun für den Spaziergang mit deinem jagdlich motivierten Hund nutzen. Dein Hund sollte sich auf den Spaziergängen nicht verselbstständigen und die Wege auf eigene Faust verlassen. Du kannst ihm ganz leicht erklären, wo er sich aufzuhalten hat und wo gerade nicht. Der Weg ist der Rahmen eures Gesprächs. Verlässt dein Hund den Gesprächsrahmen und setzt seine Pfoten in das angrenzende Grün, sei es Feld, Wiese oder Wald, kommentierst du dieses mit einem knurrigen „Nein". Begibt er sich wieder in euren Gesprächsrahmen, also auf den Weg, lässt du ein freundliches „Prima" verlauten. Schnell merkt dein Hund, dass du immer ziemlich knurrig bist, wenn er den Gesprächsrahmen verlässt. Aber du bist freundlich, wenn er sich innerhalb des Rahmens bewegt. Dadurch bekommt dein Hund von dir ein ganz klares Feedback, was seinen Aufenthaltsort angeht.

1 Ist der Schritt einmal
in das verlockende Grün getan …

2 … erfolgt sofort ein knurriges „Nein!"
Dreht er um, wird er freundlich gelobt.

Damit euer Gesprächsrahmen auch interessant bleibt, kannst du ihm kleinere Aufgaben stellen, die er oder ihr gemeinsam erledigt. Zum Beispiel ein paar Dummys auslegen, zusammen ein Stückchen weitergehen und den Hund dann zum Apportieren zurückschicken. Baue auch Übungen wie Warten, Rückruf und Stoppen immer wieder in den Spaziergang mit ein. Möchtest du ein paar Apportierarbeiten auf einer Wiese machen, erklärst du deinem Hund den Gesprächsrahmen genauso wie auf dem Weg. Nach und nach wird es ihm immer leichter fallen, natürliche Grenzen zu akzeptieren.

VORAUSSCHAUEND SPAZIEREN GEHEN

Hast du Absprachen über die Ruhe getroffen, das Kontakthalten gefördert, Regeln über die Gebiete etabliert, in denen sich dein Hund aufhalten kann, dann überprüfst und verfeinerst du diese Übereinkünfte regelmäßig im Alltag und bei den verschiedensten Auslastungsmodellen. Vorrausschauendes Spazierengehen fängt schon beim Aussteigen aus dem Auto an. Wir müssen aber auch die Umwelt wahrnehmen, wie es der Hund tut, um vorausschauend auf sein Verhalten Einfluss zu nehmen und um frühzeitig in ein Gespräch zu treten!

1

2

AUSLASTUNG
FÜR DEINEN WILDFANG

Typgerecht auslasten

Was kann der jagdlich motivierte Familienhund von seinem Kollegen, der im jagdlichen Einsatz steht, lernen? Wie kannst du deinen Hund typgerecht auslasten, dadurch die Orientierung an dir fördern und den Rückruf festigen?

Leise folgt mir meine Deutsch-Drahthaar-Hündin, hält ohne Leine nah Kontakt und bleibt neben mir stehen, wenn ich mir das Fernglas vor die Augen halte. Sie streckt die Nase in die Luft, schaut mich an, als ob sie sagen würde: „Du, hast du es auch gerochen? Da ist was …" Dabei ist sie ganz ruhig, gibt keinen Laut von sich. Wir gehen leise weiter. Kein einziger Ast knackt unter ihren Pfoten. Brav legt sie sich neben den Rucksack unter den Hochsitz und wartet. Hin und wieder sehe ich ihr Ohrenspiel oder

Viel braucht man nicht, um sich auf die Suche zu begeben.

ihre Nase, die in den Wind gestreckt ist. Wir lassen Rehe und Fuchs vorbeiziehen, ich genieße den Augenblick, die aufgehende Sonne, die Ruhe und verlasse mich voll und ganz darauf, dass sie dort unten wartet, bis wir wieder nach Hause gehen, denn oft passiert einfach nichts Spannendes.
„Aber ich weiß, dass sie im Fall der Fälle da ist!"

DIE NACHSUCHE

Ein verletztes Stück Wild muss nachgesucht werden. Sie konzentriert sich genau auf diese eine Spur, obwohl noch jede Menge andere Waldbewohner unterwegs sind. Zielsicher, langsam und mit tiefer Nase arbeitet sie die Spur aus.
Es fällt mir immer wieder schwer, mir vorzustellen, was sie dabei alles wahrnimmt. Verschiedene Untergründe wie Wiese, Waldboden, Acker und Feldweg, jeder Untergrund ergibt für sich schon ein völlig anderes Geruchserlebnis. Hase, Fuchs und Dachs waren bestimmt auch da. Von ihnen hat sie sicher auch eine Idee … Sie bleibt aber auf dieser einen bestimmten Spur und sie will finden.

Durch Bällchenspielen kannst du dich schnell zur Ballwurfmaschine degradieren.

Der Weg wird für mich immer unwegsamer, also muss ich sie alleine gehen lassen, ohne Leine, und darauf vertrauen, dass sie findet und mich holt ... Weg ist sie, doch nach drei Minuten steht sie hechelnd mit einem Grinsen im Gesicht und schwanzwedelnd vor mir. Ihre Blicke und ihre Körperhaltung sagen mir ganz deutlich: „Komm mit, ich habe es gefunden." Sie pendelt zwischen dem Wild und mir hin und her, ich bin ihr zu langsam ... Wir haben zusammen gefunden! Sie ist stolz und glücklich und ich bin ziemlich stolz auf sie und freue mich mit ihr. Wir bergen das Stück Wild. Die Suche ist vorbei. Zufrieden machen wir uns auf den Heimweg und hängen unseren Gedanken nach.

BÄLLCHENWERFER

Auf dem Weg zum Auto sehen wir einen Hundehalter mit seinem Jagdhund auf dem Feld. Ein stattlicher Rüde, ziemlich schicker Kerl. Es ist nicht das erste Mal, dass ich diese beiden morgens hier treffe. Und immer wieder dasselbe Bild. Ein ständig wiederkehrender Ablauf von Ball werfen, Ball bringen, Ball werfen, Ball bringen ... bis der Hund die Zunge fast über den Boden schleifen lässt. Mir blutet das Herz ...
Habe ich gerade gesehen, welch wahnsinnige Leistung ein Hund erbringen kann, mit welcher Freude er seine Arbeit erledigt und wie zufrieden er aussieht, wenn wir gemeinsam eine Aufgabe gemeistert haben, und da vorne gibt es leider keine andere Idee.

ARBEITSLOSE SPEZIALISTEN

Die Welt des Jagdhundes hat sich entscheidend geändert ... War er früher ein reiner Gebrauchshund und wurde entsprechend seiner Veranlagung ausgebildet und eingesetzt, ist er heute selbst in Jägerhand mehr Familienhund als Jagdgefährte.

Die meisten Jagdhunde sind heute arbeitslose Spezialisten. Ihre besonderen Eigenschaften, die durch Zucht und Selektion gefördert und verfeinert wurden, sind nicht mehr gefragt, machen uns den Alltag auf den Spaziergängen schwer und führen uns oft an den Rand der Verzweiflung.

Wird ein jagdlich motivierter Hund nicht seinen Anlagen gemäß gefördert, kann es zu Problemen für den Hund, für den Hundehalter und für die Umwelt führen. Unkontrolliertes Jagen kann dabei eins der Probleme sein und führt zu Stress an beiden Enden der Leine.

Nichtsdestotrotz sind sie tolle umgängliche Familienhunde. Sie haben nicht umsonst so sehr unsere Herzen erobert. Bringen sie doch immer noch einen Hauch von Freiheit mit ... Freiheit, die wir vielleicht gar nicht mehr so leben können, wie wir es wollen.

SPAZIERGÄNGE GESTALTEN

Lass uns doch mal hinschauen, wie du deine Spaziergänge in der freien Natur gestalten kannst. Welche Möglichkeiten gibt es da?

Suchen und Apportieren, Fährte oder Schleppe sowie das Verweisen sind dabei einige der möglichen Beschäftigungsformen, die sich für dich und deinen Hund übernehmen lassen, um die Zusammenarbeit zwischen euch zu fördern und auch ohne Wild seine Spezialisierung zu nutzen.

1 Bayrische Gebirgsschweißhunde sind absolute Spezialisten und werden meist nur in Jägerhand abgegeben.

2 Dackel sind tolle Familienhunde. Sie freuen sich auch über Aufgaben, die sie lösen dürfen.

Apportieren

Apportieren ist eine gute Möglichkeit, um deinen Hund zu beschäftigen, ihn zum Denken zu bringen und sein Interesse an dir und an dem, was du tust, zu fördern.

Du hast unter anderem die Möglichkeit, deinen Hund zu lenken, ihn zu stoppen, Absprachen in Hinsicht auf Beute zu treffen und seine Ruhe zu fördern. Ganz anders als beim Bällchenwerfen arbeitet ihr zusammen und erreicht gemeinsam das Ziel.

WARUM SOLLTE DEIN HUND APPORTIEREN KÖNNEN?

— Ihr könnt etwas gemeinsam tun.
— Dein Hund wird seinen Anlagen gemäß gefördert.
— Ihr könnt gemeinsam Absprachen über Beute treffen.
— Du kannst seinen Gehorsam festigen und seine Ruhe fördern.

Wie steht es um die Motivation deines Hundes, einen Gegenstand aufzunehmen? Kommt er gerne mit seinem Lieblingsspielzeug oder Dummy auf dich zu oder ist er eher verhalten? Was hat er für eine Erwartungshaltung, was mit ihm und seinem Lieblingsspielzeug/Dummy passiert, wenn er auf dich zukommt? Du kannst über das Apportieren wichtige Absprachen über eure „Beute" treffen und seine Bringfreude fördern. Apportieren ist nicht einfach nur holen und bringen. Du kannst deinen Hund wunderbar dazu bewegen, dich dabei zu beobachten, was du als nächstes für eine spannende Aufgabe

1 Mit einer klaren Geste wird Atzel zum Dummy geschickt.

2 Mit Begeisterung wird das Felldummy aufgenommen.

3

3 Hinsetzen, festhalten und auf Kommando ausgeben. Gut gemacht!

stellst. Fördere seine Ruhe, indem du sein ruhiges Abwarten belohnst. Verändere seine Erwartungshaltung dadurch, dass nicht immer nur er, sondern auch mal du das Dummy holst. Er weiß einfach nicht, was als Nächstes kommt und bleibt mit seinem Kopf ganz bei dir. Nebenbei kannst du prima deine eigene Körpersprache schulen. Hinterfrage eine Aufgabe, die nicht so funktioniert hat, wie du es dir vorgestellt hast. Warum ist dein Hund gerade nach links gelaufen, obwohl du rechts gemeint hast? Warst du nicht klar genug mit deiner Körpersprache? Waren deine Gesten nicht eindeutig? Bist du eindeutig in deinen Körpergesten, so kann sich dein Hund wunderbar an dir orientieren.

VARIATIONSMÖGLICHKEITEN

Und was passiert, wenn du das Dummy so versteckt hast, dass dein Hund es zwar in der Nase hat und es sieht, aber nicht dran kommt? In diesem Moment hat er definitiv einen Konflikt. Welche Lösungsstrategie entwickelt er? Bleibt er ruhig davor sitzen und wartet, bis du kommst? Holt er dich sogar oder will er den Baum am liebsten fällen, in dem das Dummy liegt? Seine Strategie verrät dir viel über ihn.

TEAMPLAYER ODER EINZELKÄMPFER?

Braucht er mich wirklich, um die Aufgabe zu lösen oder probiert er es selbst erst einmal? Das gibt dir unter Umständen auch Aufschluss darüber, was du auf einem Spaziergang zu erwarten hast. Bezieht dich dein Hund in seiner Lösung mit ein? Probiere es aus! Nach und nach wirst du eure Stärken erkennen und an euren Schwächen zielgerichtet arbeiten können. Apportieren bringt euch auf jeden Fall näher zusammen und lässt euch als Team wachsen.

Arbeiten auf der Spur

Dein Hund kann lernen, einer von dir definierten Spur zu folgen und Wildspuren dabei auszuklammern. Das kann zum Beispiel die Spur eines gezogenen Dummys sein.

Wichtig ist, dass er Interesse an dieser Spur hat und ihn der Geruch zur Spur zieht. Hat er kein Interesse oder löst der Geruch ihn einfach nicht aus, wird es schwer für dich, deinem Hund zu erklären, dass er suchen soll. Verbindet er aber etwas Positives mit seinem Dummy und hat eine Erwartungshaltung, dass es sich lohnt, wenn er findet, wird er der Spur treu bleiben. Gestalte den Anfang, die Spur selbst und das Ende deinem Hund entsprechend. Ist er eher jemand, der sofort losrast? Dann gib ihm am Anfang die Möglichkeit, sich mit dem Geruch auseinanderzusetzen und sich darauf zu konzentrieren. Du gibst das Tempo vor und lässt dich nicht durch Wald und Wiese zerren. Ist dein Hund recht zögerlich, zeige ihm, dass auch du finden möchtest. Tu so, als würdest du suchen, hocke dich hin, rieche an Blättern und Ästen, mache deinen Hund neugierig. Du wirst sehen, er möchte bestimmt wissen, was du da machst ...

DIE SPUR GESTALTEN

Um die Spur zu gestalten, gibt es unendlich viele Möglichkeiten. Überlege dir, was du deinem Hund mit der Spur sagen möchtest. Du kannst folgende Faktoren variieren:

— Geruchsstoff „Was wird gesucht" (ein bestimmtes Dummy, eine Flüssigkeit, eine Person ...)
— Untergrund „Wo wird gesucht" (Feld, Wald, Wiese, Asphalt...)
— Wetter „Welche Wetterbedingungen habe ich" (Sonne, Regen, Wind, Schnee ...)
— Stehzeit der Spur variieren „Wie alt ist die Spur bereits?"
— Das Ende der Spur – wenn dein Hund findet.

Mit dem Dummy wird ein deutlicher Start der Fährte markiert.

1

2

Findet dein Hund am Ende der geleg-ten Dummyspur seinen Dummy, freue dich mit ihm, dass er es gefun-den hat, motiviere ihn, es aufzuneh-men und mit dir zum Ausgangspunkt der Spur zurückzulaufen. Tausche hier das Dummy und beende die Auf-gabe. Du kannst das Dummy natür-lich auch so auslegen, dass dein Hund es in der Nase hat oder es auch sieht, aber selbst nicht dran kommt. Er braucht deine Hilfe und muss dich für die Lösung des Problems mit einbe-ziehen. So bist du wieder in seinem Kopf und ihr löst den Fall gemeinsam. *Sei auch hier kreativ und habe Spaß daran, neue Aufgaben zu stellen.*

EIN GUTES TEAM

Das Arbeiten schweißt euch auf jeden Fall zusammen. Ihr habt Spaß miteinander und du rückst wieder in den Fokus deines Hundes. Ganz nebenbei förderst du das Kontakt-halten und die Ruhe. Jeder lernt den anderen besser zu lesen, ihr habt Absprachen über die Beute getroffen und seid somit auch berechenbarer füreinander. Du kannst in einem gesicherten Rahmen überprüfen, ob ihr bereits ein gut funktionierendes, aufeinander abgestimmtes Team seid, ob du deinen Hund lenken kannst und du ihn somit im Fall der Fälle unter Kontrolle hast.

1 Jule ist über die Spur zum Erfolg gekommen und hat ihr Dummy gefunden.

2 Das gefundene Dummy bringen wir gemeinsam zum Startpunkt zurück.

Atzel

Mutiger Kerl mit einer Menge Ideen im Kopf

Atzel ist der klassische Dackeltyp: Er ist selbstbewusst und hat auf den Spaziergängen immer zu tun. Keine Spur, kein Stück Wild bleiben unentdeckt. Er war ständig auf der Suche nach einem Jobangebot, dem auslösenden Moment oder musste andere Gäste des Waldes verweisen. Eine Zusammenarbeit war draußen kaum möglich. Neben den Basics wie „Zur Ruhe kommen" und der Ansprechbarkeit haben wir angefangen, ihn davon zu überzeugen, dass es durchaus Sinn macht, mit seinem Menschen zusammenzuarbeiten.

Das Frühstücksdummy

Wir haben über das Apportieren mit ihm abgesprochen, wer die Ressource Dummy = Beute verwaltet und warum es gut sein könnte, diese Beute auch zu Hause abzugeben. Anfangs haben wir zur Fütterungszeit im Haus ein Dummy auf kurze Distanz ausgelegt. Mit Motivation wurde er dazu gebracht, dieses aufzuheben und zuzutragen. Dafür bekam er seinen vollen Napf vor die Pfoten gestellt. Sein Blick war grandios! „Echt jetzt? Ich hole so ein schnödes Ding, spucke es dir vor die Füße und du stellst mir das Frühstück hin?"

Nach draußen

Nach ein paar Tagen erwartete er schon das Dummy vor der Frühstücksration. Nun nahm Frauchen das Dummy und den gefüllten Futternapf mit nach draußen. Das Dackeltierchen wurde ganz nervös! „Hey, kann doch nicht sein, Dummy und Napf gehören nach drinnen!" Er verstand die Welt nicht mehr! Sitzen, Warten, Schicken, Aufheben, Zurücktragen = Futter! Oha! Das läuft also auch im Garten so! Mit der Zeit wurden die Frühstücksbedingungen etwas variiert. Das erste kleine Picknick stand an. Futterration zusammen mit dem Dummy in den Rucksack und auf zur ersten Runde ins Revier. Atzel blieb dran!

Viele Jobs

Nach und nach wurden die Aufgaben schwieriger. War es am Anfang nur ein Dummy, schienen sie auf einmal wie Pilze aus dem Boden zu schießen und der Kerl hatte viele Jobs zu erledigen. Konzentriert war er bei der Arbeit, nicht abgelenkt durch Umweltreize, ganz fokussiert auf das, was er mit Frauchen machen durfte. Er wurde in seinen Aktionen lenkbarer. Nach und nach verschwanden die Dummys und machten sich selbstständig. Es roch danach, dass dort gerade eins gelegen hatte, aber wo war es hin? Anscheinend hatte sich das Dummy zehn Meter weiter weg bewegt. Zum Glück hat Man(n) ja eine gute Nase, die einem zum Ziel bringt. Somit war Atzel auf den ersten definierten Spuren. Er lernte Verleitungen auszuklammern, nur der definierten Spur zu folgen, seine Beute zu Hause abzugeben und zusammen mit Frauchen zum Ziel zu kommen… Atzel hat sich toll entwickelt. Seine Jobs erledigt er draußen konzentriert und ist kooperativ. Seine jagdlichen Jobs, wie die Nachsuche auf krankes Wild, erledigt er zuverlässig, spurtreu und auf ihn kann man sich immer verlassen. In der jagdfreien Zeit ist es kein Thema, eine Dummy-Spur auszuarbeiten und Wildspuren auszuklammern. Das haben die beiden richtig gut gemacht! Ein tolles Team!

SERVICE

Zum Weiterlesen

David, Andreas:
Fährten- und Spurenkunde

Fichtlmeier, Anton:
Der Hund an der Leine

Fichtlmeier, Anton:
Die Ausbildung des Jagdhundes

Fichtlmeier, Anton:
Grunderziehung für Welpen

Fichtlmeier, Anton:
Suchen und Apportieren

Ophoven, Ekkehard:
Die Kosmos Wildtierkunde

Ophoven; Ekkehard:
Winterwald

Richarz, Klaus und Alfred Limbrunner:
Welche Tierspur ist das?

Zvolsky, Norma:
Die Kosmos Retrieverschule

Zvolsky, Norma:
Retrieverschule für Welpen

Nachwort

Ich hoffe das dich dieses Buch der Natur deines Hundes ein bisschen näher bringt und ihr viele tolle Stunden draußen verbringen werdet.
Ganz herzlich möchte ich mich noch bei Anton Fichtlmeier bedanken, der mir das Wesen des Hundes noch einmal neu und auf wunderbare Art und Weise näher gebracht hat.
Aus Überzeugung gebe ich das in der Trainerausbildung erlangte Wissen, in Anlehnung an seine Methodik, gerne in den Seminaren und Workshops weiter.
Und natürlich gilt ein dickes Dankeschön auch allen, die dieses Buch möglich gemacht haben. Alle vor der Kamera, Inga hinter der Kamera und der lieben Frau Rieger fürs Wörter und Buchstaben sortieren ...

Nicole Lützenkirchen

Register

BILDNACHWEIS

92 Farbfotos wurden von Inga Haase@flainfotografie / Kosmos für dieses Buch aufgenommen.

Weitere Farbfotos von Anna Auerbach (5: S. 36, 37, 102 beide, 103), Birte Brüning (2: S. 34 l., 55 l.), Inga Haase (2: S. 46, 52), Inga Haase/Nicole Lützenkirchen (15: S. 10, 18 – 19, 27, 32, 33, 45, 72, 75, 96, 97, 107, 115, 124, 125, 126), Julia Kauer (2: S.46, 52), Peter Lindel/Naturfolger (1: S. 2 – 3), Eike Mross (3: S. 4, 5, 9 l.), Shutterstock (Albert Beukof 1: S. 58 o., Giuma 1: S. 67 r., Dan Henson 1: S. 54 u., Intrepix 1: S. 8, Nero V 1: S. 67 u.l., Menno Schaefer 1: S. 50, Rafal Szozda 1: S. 59, TMArt 2: 34 r, 35 o., Tom Tom 1: S. 47 o.), Trio Bildarchiv (Natalie Große 1: S. 116, Melanie Neubert 1: S. 117 l., Nicole Schick 1: S. 23, Dana Thimel 1: S. 105, Sabina Weber 1: S. 117 r.)

IMPRESSUM

Umschlaggestaltung von GRAMISCI Editorialdesign, Claudia Geffert unter Verwendung von fünf Farbfotos von Inga Haase@flainfotografie / Kosmos sowie eines Farbfotos von Inga Haase/Nicole Lützenkirchen (U4) und 5 Zeichnungen von Shutterstock (Artur Balytskyi, Airin.dizain, Bodor Tivadar, Vorobior Oleksii 8, Evgeny Turaev von links nach rechts), Spuren aus David, Fährten- und Spurenkunde.

Mit 143 Farbfotos und 5 s/w-Zeichnungen.

Unser gesamtes Programm finden Sie unter **kosmos.de.**
Über Neuigkeiten informieren Sie regelmäßig unsere Newsletter, einfach anmelden unter **kosmos.de/newsletter**

Gedruckt auf chlorfrei gebleichtem Papier

© 2021, Franckh-Kosmos Verlags-GmbH & Co. KG, Stuttgart.
Alle Rechte vorbehalten
ISBN 978-3-440-16804-2
Redaktion: Alice Rieger
Gestaltungskonzept: GRAMISCI Editorialdesign, Cornelia Sekulin, München
Gestaltung und Satz: Atelier Krohmer, Dettingen/Erms
Produktion: Nina Renz
Druck und Bindung: Westermann Druck Zwickau GmbH, Zwickau
Printed in Germany / Imprimé en Allemagne

FSC
www.fsc.org
MIX
Papier aus verantwortungsvollen Quellen
FSC® C110508